AF614572

ISBN 978-3-662-24125-7 ISBN 978-3-662-26237-5 (eBook)
DOI 10.1007/978-3-662-26237-5

Die Gestaltung der Flughäfen.

Von Dr.-Ing. **Carl E. Gerlach**, Stuttgart.

I. Technische Planungsgrundsätze für die Flughafengestaltung.

A. Allgemeines.

Die folgenden Ausführungen beziehen sich auf die allgemeinen Grundsätze für die technische Planung von Flughäfen. Im Teil II sind diese als konkretes Zahlenbeispiel bei der Standortwahl des Flughafens Niedersachsen angewandt.

Liegt der Schwerpunktbereich des Flughafens auf Grund der verkehrlichen Planung und seine Größenordnung als Landesflughafen, Kontinental- oder Interkontinentalflughafen fest, dann folgt die flugbetriebs- und bautechnische Planung. Grundsätzlich ist für jeden Flughafen ein Generalausbauplan aufzustellen, der den möglichen, zukünftigen Endausbau umfassen soll. Der tatsächliche Ausbau kann je nach der Verkehrsentwicklung in einzelnen Bauabschnitten erfolgen. Der Generalausbauplan bildet einen Bestandteil der Genehmigungsurkunde für den Flughafen.

In einer 1937 erschienenen Abhandlung[1] wurden vom Verfasser die Möglichkeiten der Rollfeldgestaltung im wesentlichen in drei Systemen zusammengefaßt: Rasensystem, Randbahnsystem und Rollbahnsystem. Hier ist im Zuge der Weiterentwicklung, beschleunigt durch die Kriegserfahrungen, eine bemerkenswerte Vereinheitlichung festzustellen.

Das Rasensystem kommt nur noch für kleine Landeplätze des Sport- oder privaten Reiseflugbetriebs oder sonstige Plätze untergeordneter Bedeutung in Frage, da die Grasnarbe den Beanspruchungen durch die gesteigerten Radlasten nicht mehr gewachsen ist. Diese Feststellung gilt allgemein; in verstärktem Maße bezieht sie sich auf die kritische Jahreszeit. Sicherheit und Regelmäßigkeit eines ganzjährigen Verkehrsflugbetriebes sind auf Rasenflächen nicht mehr gewährleistet. Der Begriff des Rollfeldes im überlieferten Sinne trifft daher für Verkehrsflughäfen nur noch bedingt zu.

Das nur in Deutschland in Erscheinung getretene Randbahnsystem stellte eine Übergangslösung zwischen Rasen- und Startbahnsystem dar und ist über eine Anwendung auf den Flughäfen Berlin-Tempelhof, München-Riem und Stuttgart-Echterdingen nicht hinausgekommen.

Das Startbahnsystem hat seine Vorzüge vor allem auch während des Krieges in einer Vielzahl von Gestaltungsvariationen unter Beweis gestellt und gehört heute zur Grundausstattung eines Verkehrsflughafens von Bedeutung.

Die nachfolgende Aufstellung und Erläuterung der Planungsgrundsätze für die Gestaltung von Verkehrsflughäfen, die in diesem Rahmen naturgemäß nur generell erfolgen kann, geht daher von der Anwendung des Startbahnsystems aus, das inzwischen praktisch auf allen planmäßig angeflogenen Verkehrsflughäfen der Welt eingeführt ist.

B. Generelle Ausbauforderungen.

Der Flughafen besteht im wesentlichen aus den Flugbetriebs- und Abfertigungsflächen und der Bauzone. Für die grundsätzliche Planung bzw. den Einfluß des Flughafens auf die Bebauung seiner Umgebung ist in Deutschland § 10a des Luftverkehrsergänzungsgesetzes vom 27. 9.

---

[1] Gerlach: Die Ausgestaltung der Flughäfen in Abhängigkeit von den Flug- und Abfertigungsvorgängen. Teil 2 des Heftes 11 der Forschungsergebnisse des Verkehrswissenschaftl. Instituts an der T. H. Stuttgart. Berlin: Springer 1937.

1938[1] noch gültig. Diese Vorschriften sind teilweise überholt und zur Zeit in Neubearbeitung. In fast allen Ländern wird nach den internationalen Richtlinien und Empfehlungen der International Civil Aviation Organization (ICAO)[2] gearbeitet.

Die Bestimmungen des LVG[3] gehen großenteils noch vom Flächensystem bzw. der Kreis- oder elliptischen Form des Rollfeldes aus. Die ICAO-Empfehlungen beziehen sich ausschließlich auf das Bahnsystem. Nach ihnen sind die Flughäfen in die Klassen A bis G eingeteilt, wobei A die größte Klasse für Interkontinentalflughäfen bezeichnet. Für sie ist eine Startbahnlänge von mindestens 2550 m vorgesehen. Für die kleinste Klasse eine solche von 900 m. Die Bemessung der Startbahndecken soll für die Klasse A für 45 t, für die kleinste Klasse für 2 t Einzelradlast des Flugzeuges erfolgen. Die Bezeichnung A 1 bedeutet demnach Startbahngrundlänge nach Klasse A mindestens 2550 m und Deckenstärke nach Klasse 1 für 45 t Einzelradlast ausreichend.

Die jeweiligen Mindestbreiten der Startbahnen schwanken nach den einzelnen Klassen zwischen 60 und 30 m. Die Längs- und Querneigung darf maximal 1 bzw. 1,5% betragen. Zu beiden Seiten der Startbahn sind noch planierte Rasensicherheitsflächen von je etwa 100 bis 150 m Breite erforderlich. Ihre Länge geht um etwa 100 bis 300 m über die befestigten Bahnenden hinaus, um auch in der Längsrichtung zusätzliche Sicherheitsflächen zu haben. In Ausnahmefällen kann es notwendig werden, einen Übergangsstreifen zwischen der eigentlichen Startbahn und der (Rasen-) Start- und Landefläche leicht zu befestigen. Zurollbahnen in den Breiten zwischen 12 und 30 m verbinden die Startbahn mit den Abfertigungsflächen. Die Mindesthindernisfreiheit vom Ende der Start- und Landeflächen beträgt für Schlechtwetter-Start- und Landebahnen 1 : 50, für die Schönwetterbahnen schwankt sie je nach der Flughafenklasse zwischen 1 : 25 und 1 : 40.

C. Die Planungsfaktoren und ihre Bewertung.

Die wichtigsten Planungsfaktoren für die Gestaltung der Betriebsflächen des Flughafens lassen sich in fünf Punkten wie folgt zusammenfassen, wobei die den Flughafen benutzenden Flugzeugtypen von grundsätzlicher Bedeutung sind:

1. Hindernisfreiheit der Flughafenumgebung; — 2. Meteorologische und klimatische Einflüsse; — 3. Verkehrs- und Versorgungsanschlüsse; — 4. Topographische Verhältnisse des Geländes; — 5. Untergrundverhältnisse und Bodenkultur.

1. Hindernisfreiheit der Flughafenumgebung.

Der Faktor Hindernisfreiheit steht mit Rücksicht auf den Vorrang der Sicherheit an erster Stelle. Er ist von besonderer Bedeutung für die Lage der Anflugsektoren und die Erweiterungsmöglichkeit der Betriebsflächen.

Als wesentlichstes Merkmal in der Entwicklung der Planungsgrundsätze ist der Abgang vom unbefestigten Flächensystem und der Übergang zum befestigten Bahnsystem festzuhalten. Das Flächensystem, das zwar Freizügigkeit in der Festlegung der Start- und Landerichtung bot, zeigte mit der Zunahme der Bebauung am Rollfeldrand wesentliche Mängel in der Ausnutzung der verfügbaren Start- und Landestrecken. Durch die gelegentliche Notwendigkeit, die Randbebauung bei Start und Landung zu überfliegen, wird ein erheblicher Teil des Rollfeldes nicht ausgenutzt. Es entsteht ein zusätzlicher Flächenbedarf und gleichzeitig eine Verminderung der Flugsicherheit.

In Erkenntnis dieser Tatsache entstand das zunächst noch unbefestigte Bahnsystem. Bei seiner Gestaltung wurde davon ausgegangen, daß ein Seitenwind unter 22,5 bzw. 30 Grad bei Start und Landung in Kauf genommen werden kann. Man konnte sich damit auf acht bzw. sechs hindernisfreie Anflugrichtungen beschränken. Als betrieblich zweckmäßigste Anordnung der Bebauungszone ergab sich hieraus eine keilförmig vorgeschobene Lage der Flughafenbauten.

---

[1] Reichsges.Bl. 1938, Teil I, Nr. 151, S. 1246—1248.
[2] ICAO, Do. 4809 — AGA 558 v. 29. 10. 1947.
ICAO, Annex 14.
[3] Luftverkehrsgesetz.

Schon vor dem Kriege hat es sich gezeigt, daß unbefestigte Flächen auf die Dauer den Beanspruchungen durch die Flugzeugbewegungen nicht mehr gewachsen sind. Auch für die damaligen, verhältnismäßig leichten Flugzeuge war eine ganzjährige Betriebsbereitschaft der unbefestigten Rollfelder infolge der Bodenverhältnisse im Herbst und Frühjahr vielfach nicht möglich. Nun kam noch die erhebliche Zunahme der Gewichte der Flugzeuge, der Reifendruck stieg von etwa 3 kg/qcm bis zu max. etwa 9 kg/qcm an, so daß Regelmäßigkeit und Sicherheit von Start und Landung nur noch mit befestigten Startbahnen gegeben war.

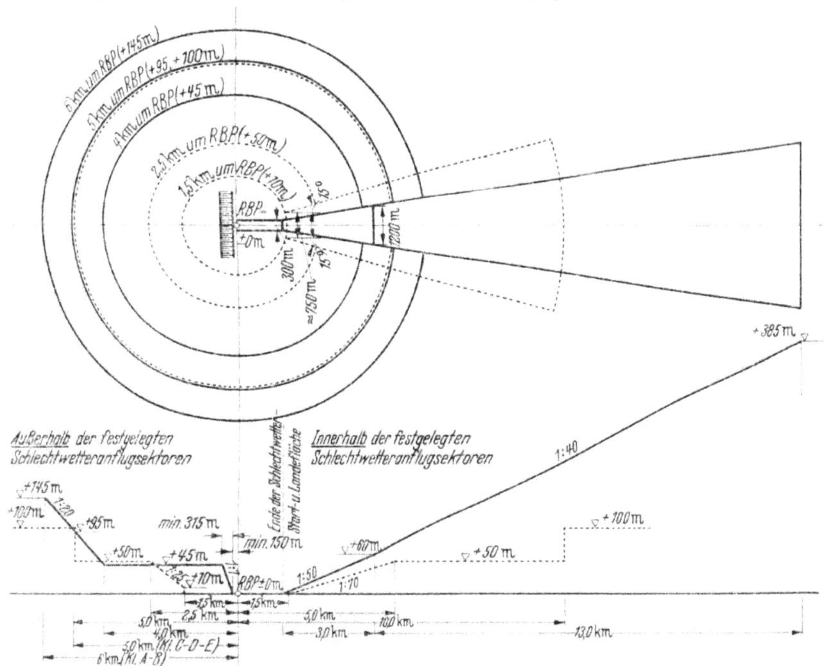

Abb. 1. Die Vorschriften des deutschen Luftverkehrsgesetzes und die Empfehlungen der ICAO. ······ LVG, Erg.-Ges. v. 27. 9. 1938. —— ICAO-Empfehlungen v. 1947.

In Abb. 1 sind die Bestimmungen des LVG und der ICAO in Grundriß und Schnitt dargestellt. Ein Vergleich der Vorschriften läßt erkennen, daß nach den ICAO-Empfehlungen die Schlechtwetteranflugsektoren wesentlich schmäler gehalten sind, als nach dem LVG. Die Länge der letzteren beträgt nach ICAO nur 3 km vom Start- und Landeflächenende, doch ist erwünscht, das Gelände bis in 16 km Entfernung auf die erforderliche Mindesthindernisfreiheit zu überprüfen. Das LVG umfaßt den Bereich des Schlechtwetteranflugsektors bis 10 km vom Rollfeldbezugspunkt.

Besondere Schönwetteranflugsektoren sind nach LVG nicht vorgesehen, es besteht vielmehr im Bereich des 1,5 km Kreises um RBP[1] Freizügigkeit in der betrieblich bedingten Wahl der Start- und Landerichtung bzw. der Festlegung von Start- und Landebahnen. Die Schönwetteranflugsektoren nach ICAO beginnen am Ende der Start- und Landefläche in deren Breite und enden in 3 km Entfernung in 750 m Breite.

Die Hindernisfreiheit im Schlechtwetteranflugsektor in einer Neigungslinie von 1 : 50 und anschließend 1 : 40 zeigt sich gegenüber 1 : 70 beim LVG weniger einschneidend für die Flughafenumgebung. Es ist jedoch zu beachten, daß die in den ICAO-Empfehlungen genannten Zahlen Mindestwerte darstellen.

Ein wesentlicher Gesichtspunkt für die Änderung des LVG ist die notwendige bessere Anpassung an das Bahnsystem. Der 1,5 km Kreis reicht bei exzentrischer Lage des Startbahnsystems zum RBP

[1] Rollfeldbezugspunkt.

nicht mehr aus. Eine solche Lage des Startbahnsystems ist zwar nicht erwünscht, sie wird aber bei vielen vorhandenen Flughäfen, deren Startbahnen nur nach einer Richtung verlängert werden können, nicht zu umgehen sein. Die Lage des RBP kann jedenfalls später nicht mehr verändert werden. Er wird im Generalausbauplan endgültig festgelegt und auf ihn beziehen sich alle Entfernungen und Höhen hinsichtlich der Baubeschränkung in der Flughafenumgebung, die in dem unter Abschnitt H behandelten Bauhöhenplan niedergelegt ist. Andererseits können außerhalb der Start- und Landeflächen und der Anflugsektoren Zugeständnisse in der Bauhöhenbeschränkung gemacht werden.

Innerhalb sämtlicher Anflugsektoren muß auf die Erreichung und Erhaltung größtmöglicher Hindernisfreiheit geachtet werden. Durch die Tatsache, daß die hindernisfreie Neigung in der Praxis am Ende der Start- und Landefläche angelegt wird, wird die obengenannte Forderung, im Generalausbauplan von vornherein schon den maximalen Endausbau einzutragen, noch unterstrichen. Es wird damit eine Einschränkung der Hindernisfreiheit bei späteren Startbahnverlängerungen vermieden.

Zu jedem Generalausbauplan gehört neben den üblichen Planunterlagen und einer eingehenden Begründung aller vorgeschlagenen Maßnahmen eine Zusammenstellung der Luftfahrthindernisse in der Umgebung des Flughafens. Eine Untersuchung über ihre Entfernung vom RBP und ihre Höhe über dem letzteren gibt Aufschluß darüber, inwieweit eine Beseitigung oder Markierung des Hindernisses erforderlich ist.

2. Meteorologische und klimatische Einflüsse.

Für die Anzahl der Startbahnrichtungen ist die Häufigkeit und vor allem die Stärke des Windes und die Seitenwindempfindlichkeit der eingesetzten Flugzeugtypen maßgebend. Für die Planung werden daher Beobachtungswerte über Stärke und Richtung des Windes benötigt. In Tab. 1 ist ein Beispiel gegeben, in welcher Form diese Unterlagen dem planenden Ingenieur durch den Wetterdienst zur Verfügung gestellt werden sollten.

Tabelle 1. *Windstärke bei verschiedenen Windrichtungen auf dem Flughafen Hannover-Langenhagen*[1]
Häufigkeit der Stufenwerte in ‰.
1935–1944 (4 Termine) 1946–1950 (3 Termine)

Windstärke F:		00	1	2	3	4	5	6	7	8	9	‰	Anzahl der Fälle
DD: Stille	00	70										70	1 314
	02		6	7	3	1	0	—	—	—	—	17	318
	04		9	8	5	2	1	0	—	—	—	25	482
	06		8	9	10	7	2	1	0	—	—	37	702
Ost	08		17	21	23	16	6	2	1	—	—	86	1 631
	10		13	19	18	16	8	3	1	0	0	78	1 475
	12		12	13	10	4	2	—	—	—	—	41	769
	14		10	10	8	3	0	—	—	—	—	31	580
Süd	16		13	19	13	5	1	0	0	—	—	51	964
	18		11	16	12	7	2	0	0	—	—	48	905
	20		16	22	20	12	3	1	0	0	—	74	1 398
	22		16	33	37	33	13	4	1	—	—	137	2 585
West	24		20	37	43	31	12	5	1	—	0	149	2 825
	26		10	20	23	14	6	1	0	—	—	74	1 392
	28		9	14	10	5	2	0	0	—	—	40	754
	30		7	8	6	2	0	0	0	—	—	23	426
Nord	32		8	6	4	1	0	—	—	—	—	19	351
		70	185	262	245	159	58	17	4	0	0	1000	18 871

Die einzelnen Zahlen sind nach Häufigkeit und Stärke des Windes im allgemeinen durch Ablesung in 16 Richtungen gewonnen. Alle Werte, die zwischen diesen Richtungen liegen, werden den Meßrichtungen zugeschlagen. Es kann also bei einer zeichnerischen Darstellung des Diagramms nur

[1] Nach den Werten des Meteorologischen Amtes Hannover-Braunschweig.

mit 16 Strahlen gearbeitet werden und nicht, wie vielfach gehandhabt, mit einer geschlossenen Rose, bei der die Endpunkte der Strahlen verbunden sind, da diese Verbindungslinien nicht den gemessenen Werten entsprechen. Abb. 2 zeigt ein Diagramm der Windstärken in den einzelnen Richtungen für den Flughafen Hannover-Langenhagen in der erwünschten Form.

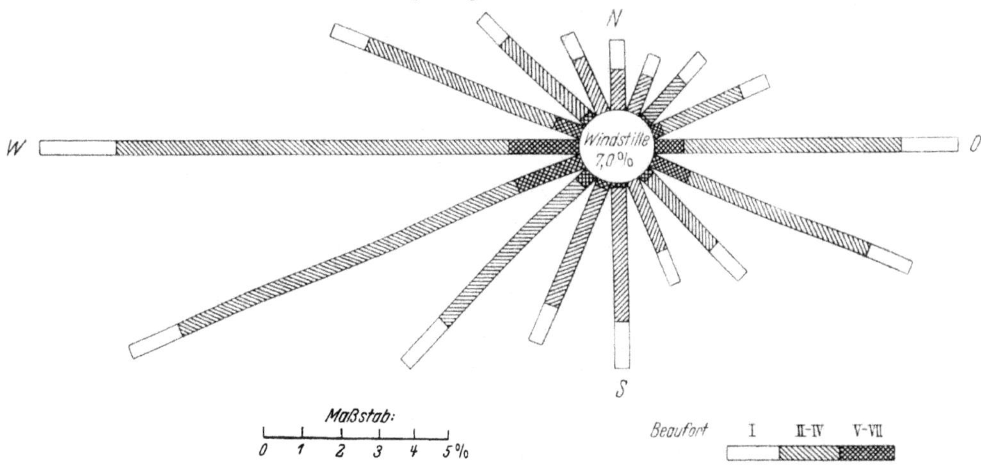

Abb. 2. Häufigkeit und Richtung der Windstärken auf dem Flughafen Hannover-Langenhagen (1935 – 1944 und 1946 – 1950).

In Deutschland wurde bis Kriegsende mit einer zulässigen Querwindkomponente von 18 km/h gerechnet. Durch die Einführung des Bugradfahrgestells und die Zunahme der Fluggewichte sind die Flugzeuge richtungsstabiler und damit weniger seitenwindempfindlich geworden. Die Arbeiten an der Entwicklung eines drehbaren Schiebefahrwerks lassen die Tendenz erkennen, daß die Flugzeuge in Zukunft noch weniger seitenwindempfindlich sein werden. Die ICAO-Empfehlungen lassen für Start und Landung eine Querwindkomponente von 24 km/h als noch unschädlich zu. Aus der Forderung, daß mindestens 95% aller Starts und Landungen bei einem Querwind von 24 km/h ausgeführt werden können, läßt sich die Anzahl der benötigten Startbahnrichtungen ableiten.

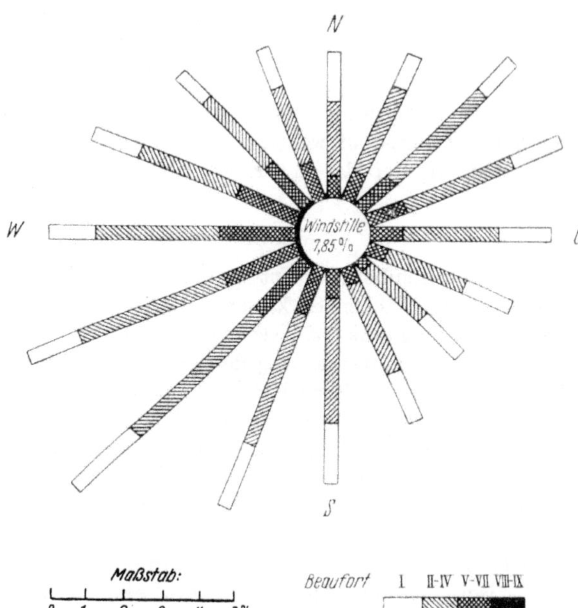

Abb. 3. Häufigkeit und Richtung der Windstärken auf dem Flughafen Amsterdam-Schiphol (1931 – 1939).

Im Landesinnern ist vielfach mit erheblichen Windstilleanteilen und mit eindeutig vorherrschenden Windrichtungen zu rechnen. Je näher die Flughäfen an der Küste liegen, desto mehr treten starke Winde in verschiedenen Richtungen auf. Daraus ergibt sich die Tatsache, daß die an der Küste liegenden Flughäfen vielfach ein ausgedehntes Startbahnsystem benötigen. In Abb. 3 ist vergleichsweise das Windrichtungs- und Stärkediagramm des Flughafens Amsterdam-Schiphol dargestellt, das den grundsätzlichen Unterschied gegenüber dem von Hannover erkennen läßt.

Im Abschnitt D wird ein graphisches Verfahren zur Bestimmung der benötigten Startbahnrichtungen gezeigt und für die Beispiele der Flughäfen Hannover und Amsterdam der Betriebswert des Startbahnsystems nach diesem ermittelt.

Mit Rücksicht auf den erschwerten Flugbetrieb bei Schlechtwetterlagen und zur Beurteilung der meteorologischen und klimatischen Güte des Flughafens ist von Wichtigkeit, auch Angaben über Nebelhäufigkeit, Wolkenhöhe und Sichtverhältnisse zu erhalten. Auch Zahlenwerte über die Niederschlagshäufigkeit ergeben oftmals Aufschlüsse für bautechnische Maßnahmen.

3. Verkehrs- und Versorgungsanschlüsse.

Zur Erzielung von möglichst hohen Reisegeschwindigkeiten und niederen Zubringerkosten im Luftverkehr muß großer Wert darauf gelegt werden, daß die Entfernung des Flughafens vom Stadtzentrum nicht zu groß ist. Diese Forderung muß mit der Notwendigkeit einer guten Hindernisfreiheit in den Anflugsektoren sinnvoll in Einklang gebracht werden. Im allgemeinen sollte die Entfernung vom Stadtkern nicht mehr als höchstens 10 bis 15 km betragen. Wichtig ist eine günstige Lage zu den vorhandenen Verkehrseinrichtungen, die einen guten Anschluß an das Straßen- und Autobahnnetz, sowie das Eisenbahnnetz gestattet.

Die Erfahrung bei vorhandenen Verkehrsflughäfen hat gezeigt, daß in den Fällen, in denen der Flughafen für Interessenten aus der Stadt mit öffentlichen Verkehrsmitteln erreichbar ist, eine wesentlich bessere Rentabilität der der Allgemeinheit zur Verfügung stehenden Flughafeneinrichtungen (Gaststätten- und Verkaufsbetriebe) erzielt wird.

Auf ähnlicher Ebene liegt die Forderung nach günstigen Versorgungsanschlüssen wie Stromanschluß, Wasserzuführung und Nachrichtenanschluß. Ein Gelände, das erst neu erschlossen werden muß und lange Leitungsführungen benötigt, erfordert ganz erhebliche Erschließungskosten.

4. Topographische Verhältnisse des Geländes.

Die topographischen Verhältnisse eines zur Auswahl für einen Flughafen stehenden Geländes lassen sich zunächst roh aus dem Meßtischblatt erkennen. Bei einer örtlichen Begehung und gegebenenfalls Vermessung kann nach Aufstellung eines Vorentwurfs mit überschlägiger Erdmassenberechnung festgestellt werden, ob die Massenbewegung sich in tragbarem Rahmen bewegt. Zu einer Schätzung der Massen nur nach der örtlichen Besichtigung sind nur erfahrene Spezialisten in der Lage.

5. Untergrundverhältnisse und Bodenkultur.

Die Beschaffenheit des Untergrundes ist maßgebend für die Bemessung und die Konstruktion ler befestigten Flächen. Sie kann sich daher erheblich auf die Höhe der Baukosten auswirken. Eine sorgfältige geologische und bodenmechanische Untersuchung des Untergrundes in Labor- und Feldversuchen ist zur Bestimmung der Bodenwerte für die Dimensionierung und die konstruktiven Maßnahmen vor der Herstellung der Startbahnen usw. erforderlich. Auf dieses Problem wird im Rahmen des Abschnittes E noch weiter eingegangen.

Auf eine Berücksichtigung der vorhandenen Bodengüte bei der Auswahl von Flughafengeländen muß heute mehr denn je Rücksicht genommen werden. Der Forderung, möglichst nur ein Gelände mit geringer Bodengüte auszusuchen, sollte nach Möglichkeit auch entsprochen werden.

Zur Durchführung eines eingehenden Vergleichs bei verschiedenen für den Flughafen in Frage kommenden Geländeflächen wird zweckmäßig eine Bewertung der Planungsfaktoren vorgenommen und für jedes Gelände eine Wertungszahl eingeführt.

a) Bewertung der Planungsfaktoren 1.—5.:

α) Hindernisfreiheit der Flughafenumgebung im Hinblick auf die Anordnung der Anflugsektoren und der Flugbetriebsflächen nach günstiger Betriebsabwicklung bei größter Flugsicherheit und Erweiterungsmöglichkeit . . . . 3fach[1]

[1] Mit Rücksicht auf den Vorrang des Sicherheitsfaktors vor den übrigen genannten Gesichtspunkten.

β) Meteorologische und klimatische Verhältnisse als wesentliche Funktion bei der Bestimmung des Systems der Flugbetriebsflächen 1,5fach
γ) Lage des Flughafengeländes zu den vorhandenen Verkehrseinrichtungen, sowohl für den unmittelbaren Anschluß (Straßen- und Eisenbahnanschluß), als auch hinsichtlich der Lage zur Reichsautobahn 1fach
δ) Topographische Verhältnisse des Geländes im Hinblick auf die Erstellung der Flugbetriebsanlagen 1fach
ε) Vorhandene Bodenkultur und Untergrundverhältnisse im Hinblick auf die landwirtschaftliche Bedeutung und den Bau der befestigten Betriebsflächen 1fach

b) Bewertungsstufen:

Ungeeignet	=	— 2
Wenig geeignet	=	— 1
Geeignet	=	± 0
Gut geeignet	=	+ 1
Sehr gut geeignet	=	+ 2

Aus der Kombination von a) und b) ergibt sich die Wertungszahl. Ihr Größtwert ist (3× +2) + (1,5× +2) + (3× +2) = +15, ihr Kleinstwert = —15 und ihr Mittelwert ±0. Geländeflächen mit negativen Wertungszahlen sind grundsätzlich nicht mehr als ausbauwürdig anzusehen.

Aus dieser generellen Zusammenfassung der wichtigsten Planungsfaktoren und ihrer Bewertung ist zu erkennen, daß eine ganze Reihe von Gesichtspunkten sorgfältig nach betrieblicher Bedeutung und finanziellem Einfluß gegeneinander abgewogen werden müssen, wenn es sich darum handelt, unter verschiedenen Geländen das beste auszuwählen. Diese Tätigkeit bedarf im Hinblick auf die vielen beteiligten Stellen einer sehr geschickten und erfahrenen Handhabung und stellt für den Flughafenbauingenieur eine verantwortungsvolle und schwierige Aufgabe dar.

D. Gestaltung der Betriebsflächen.

1. Anzahl der benötigten Start- und Landebahnrichtungen.

In Abb. 4 ist ein graphisches Verfahren dargestellt, nach dem auf der Grundlage der Ausführungen zu C 2 schnell und einfach die notwendige Anzahl der Startbahnrichtungen ermittelt werden kann. Als Beispiel wurde der Flughafen Hannover-Langenhagen gewählt.

Die im Diagramm der Abb. 2 strahlenförmig aufgetragenen prozentualen Werte werden unmittelbar aus der Tab. 1 übernommen, als Einzelsäulen aufgetragen und in der gezeigten Form horizontal aneinandergereiht. Auf der Abszisse sind die 16 Richtungen mit den Richtungsbezeichnungen 2 bis 32 — jeweils in einer Breite, die dem Winkel von 22,5° entspricht — aufgetragen. 2/18, 4/20, 6/22, 8/24 usw. stellen dabei jeweils eine durchgehende Richtung, z. B. 8/24 = O-W, dar. Auf der Ordinate sind die Anteile der Windstärken in den verschiedenen Richtungen eingetragen, wobei hinsichtlich der Unterteilung in ‰ und Beaufort folgendermaßen vorgegangen wurde:

Bis IV Beaufort ist eine Unterteilung nicht erforderlich, da diese Winde allgemein die zulässige Querwindkomponente V_Q von 6,7 m/s nicht überschreiten. Die darüber hinausgehenden Windstärken müssen entsprechend ihren Anteilen berücksichtigt werden. Diese sind entsprechend der Erläuterung besonders gekennzeichnet. Eine gewisse Zusammenfassung ergibt sich daraus, daß bei einem Seitenwind von 22,5° und V_Q = 6,7 m/s eine Windgeschwindigkeit V_S von 63 km/h = VIII Beaufort zugelassen ist, d. h. die Windstärken VI bis VIII aufgenommen werden können. Die Auftragung ergibt demnach die Summenlinie aller Winde in den verschiedenen Richtungen, wobei die Anteile in ‰ der maßgebenden Windstärken V und VI bis VIII besonders hervorgehoben sind.

Bei der Auswertung des Diagramms wird so vorgegangen, daß man die erste und wichtigste Startbahn in die beiden, eine durchlaufende Richtung ergebenden Säulen legt, die zusammen den größten Anteil an schädlichen Winden auf sich vereinigen. Im Zweifelsfall sind verschiedene Varianten zu untersuchen. Anschließend wird überprüft, wieviel schädliche Windanteile in den anderen Richtungen durch diese erste Startbahn nicht aufgenommen werden können.

Hierbei wird die ganze Säulenbreite von 22,5°, in der die gewählte Startbahnrichtung liegt, als engerer Startbahnbereich betrachtet und bei der weiteren Prüfung nicht von der Linie der Startbahnrichtung, sondern von den beiden Säulenrändern ausgegangen. Diese hinsichtlich des

Winkelbereichs etwas großzügige Handhabung ergibt für die generelle Ermittlung der Anzahl der benötigten Startbahnen ausreichend genaue Werte und dürfte in ihrer Exaktheit etwa im richtigen Verhältnis zur Genauigkeit und Durchführung der gebräuchlichen Windmeßverfahren stehen, die

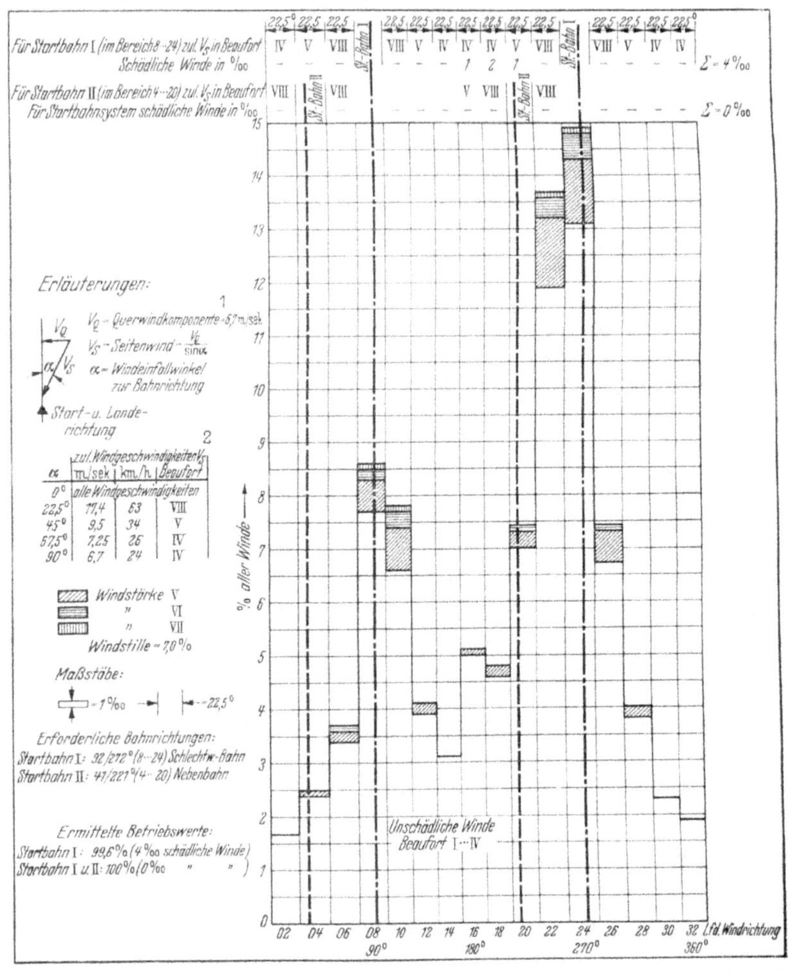

Abb. 4. Bestimmung der benötigten Anzahl von Startbahnrichtungen für den Flughafen Hannover-Langenhagen (1935 – 1944 und 1946 – 1950).

eine mathematisch exakte Auswertung der Beobachtungszahlen nicht folgerichtig erscheinen lassen.

Die Festlegung des engeren Startbahnbereichs von 22,5° bzw. ± 11,25° trifft im vorliegenden Fall die Richtung 8/24. Innerhalb dieses Bereichs kann ohne nennenswerte Beeinflussung des Betriebswertes eine Drehung der Startbahn aus Gründen der Hindernisfreiheit, Geländeneigung und Erdmassenbewegung erfolgen.

Es wird nun oberhalb der Säulenreihe für jede Richtung die für die Startbahn I im Bereich 8/24 zulässige Windgeschwindigkeit V_S gemäß Erläuterung 1 und 2 in Abb. 4 angeschrieben. Nun wird jede Richtung überprüft, ob und um wieviel ‰ die für sie angeschriebene Windgeschwindigkeit überschritten wird. Die nicht aufgenommenen schädlichen Winde in ‰ werden in den einzelnen Richtungen darunter vermerkt. Es ergibt sich, daß in Richtung 16, 18 und 20 1, 2 und 1 ‰ = zusammen 4 ‰ durch die Startbahn I nicht aufgenommen werden. Der Betriebswert dieser Startbahn beträgt damit 100-0,4 = 99,6 %.

Untersucht man noch, wann ein Betriebswert von 100% erreicht wäre, so zeigt sich, daß dies mit einer zweiten Startbahn der Fall ist, die in den Richtungsbereich zu liegen kommt, in dem die vorgenannten, durch die erste Startbahn nicht aufgenommenen schädlichen Winde auftreten.

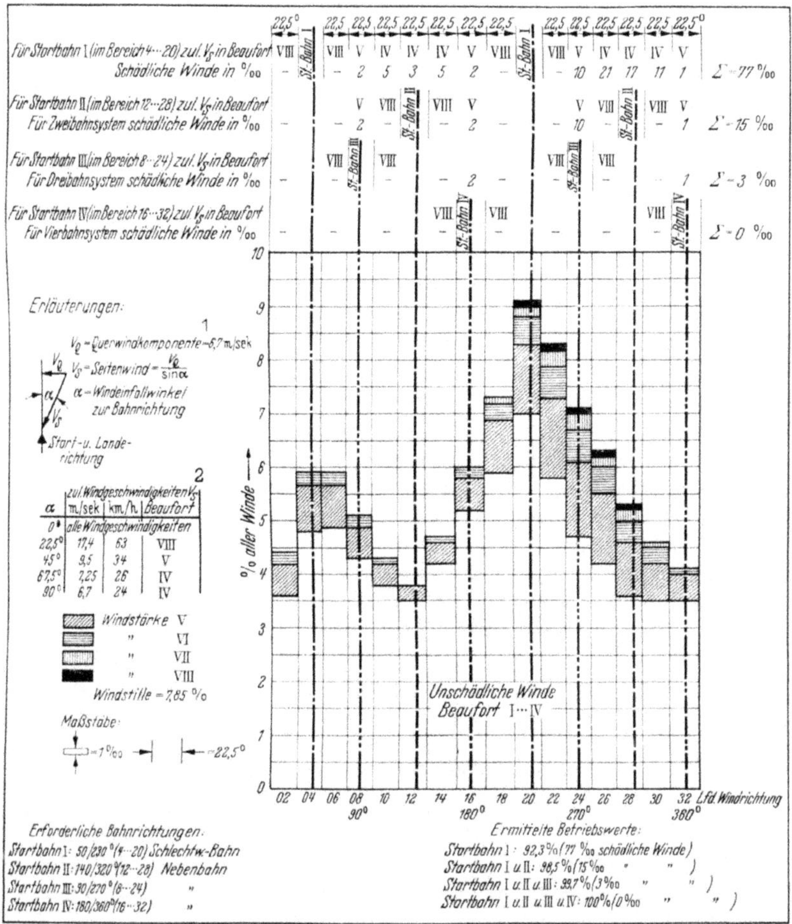

Abb. 5. **Bestimmung der benötigten Anzahl von Startbahnrichtungen für den Flughafen Amsterdam-Schiphol (1931–1939).**

Die Umrechnung von Beaufort in km/h usw. wird seit 1945 bzw. 1949 nach dem neuen internationalen Wetterschlüssel wie folgt vorgenommen:

Beaufort	m/s	km/h	mph	Knoten
0	0 –0.2	1	1	1
I	0.3–1.5	1–5	1–3	1–3
II	1.6–3.3	6–11	4–7	4–6
III	3.4–5.4	12–19	8–12	7–10
IV	5.5–7.9	20–28	13–18	11–15
V	8.0–10.7	29–38	19–24	16–21
VI	10.8–13.8	39–49	25–31	22–27
VII	13.9–17.1	50–61	32–38	28–33
VIII	17.2–20.7	62–74	39–46	34–40 usw.

Bei Statistiken vor 1945 wurde im allgemeinen nach der internationalen Umrechnungsskala von 1926 gearbeitet.

In derselben Weise wie in Abb. 4 ist in Abb. 5 auch ein Beispiel für den Weltflughafen Amsterdam-Schiphol durchgeführt, wobei sich für eine Startbahnrichtung ein Betriebswert von 92,3%, für 2 von 98,5, für 3 von 99,7 und für 4 von 100 % ergibt.

In beiden Fällen ist, da es sich nur um die Erläuterung des Verfahrens handelte, mit dem Jahresmittel der Beobachtungswerte für eine Reihe von Jahren gerechnet worden. Dies ergibt etwas zu günstige Betriebswerte. In der Praxis sollten möglichst die ungünstigsten Monats- oder Vierteljahreswerte benutzt werden.

Sind die übrigen Planungsgesichtspunkte berücksichtigt und die genauen Gradzahlen der Startbahnrichtungen festgelegt, kann der Betriebswert vergleichsweise durch eine rechnerische Auszählung der schädlichen Windstärkewerte ermittelt werden. Diese Handhabung läßt aber, wie erwähnt, eine mathematisch exakte Bestimmung des Betriebswertes nur zu, wenn sämtliche unter einem beliebigen Winkel aufgetretenen Winde dabei berücksichtigt werden können. Bei der üblichen Zusammenfassung der Beobachtungswerte in 16 Richtungen müßte bei dieser Bestimmungsart wieder eine Aufspaltung der Werte erfolgen, die den tatsächlichen Verhältnissen nur bedingt entspricht. Betrachtet man die verschiedenen variablen Faktoren bei der Windbeobachtung — Windschwankungen, Höhe des Meßgerätes über dem Boden usw. — sowie die Tendenz zur geringeren Seitenwindempfindlichkeit in der Flugzeugentwicklung, so kommt man zu dem Schluß, daß das gezeigte graphische Verfahren für die praktische Anwendung bei der Startbahnplanung ausreichend genaue Ergebnisse liefert.

Für seitenwindempfindlichere Flugzeuge, wie sie im Sport- und privaten Reiseflugverkehr benutzt werden, ist der Betriebswert des Startbahnsystems naturgemäß geringer. Diese Flugzeuge können zwar im allgemeinen auf Rasen starten und landen, sie sind jedoch bei schweren Böden in der kritischen Jahreszeit vielfach auch auf Startbahnen angewiesen. Hier ist darauf zu achten, daß durch die gewählten Startbahnrichtungen nicht nur ein größtmöglicher Prozentsatz von starken Winden, sondern auch ein solcher von Winden gleich oder kleiner als IV Beaufort aufgenommen werden kann. In diesem Fall ist zweckmäßig mit einer Querwindkomponente von 18 km/h zu rechnen.

Auf den deutschen Flughäfen kann im allgemeinen mit ein bis zwei Startbahnrichtungen ausgekommen werden.

2. Bemessung der Start- und Landebahnen.

Die Frage der notwendigen Startbahnlänge ist in letzter Zeit viel diskutiert worden. Sie ist besonderer Untersuchungen auch wert, da die vorhandene Länge der Startbahn einschließlich ihrer Tragfähigkeit entscheidend dafür ist, ob ein Flughafen durch ein modernes Großflugzeug angeflogen werden kann oder nicht. Auch der finanzielle Faktor ist von wesentlicher Bedeutung, da der Startbahnbau den größten Kostenaufwand beim Flughafenbau erfordert.

Die für die Startbahnlänge maßgebenden Faktoren sind:

Leistungsmerkmale des Flugzeugs; — Luftdichte; — Windeinfluß; — Neigung der Startbahn; — Rollreibungs- und Gleitwiderstand der Startbahnoberfläche.

Grundsatz ist, daß ein startendes Flugzeug im Falle eines Motorendefektes beim Erreichen der kritischen Geschwindigkeit noch sicher landen bzw. ausrollen kann. Die zusätzlichen Faktoren, die eine Verlängerung des Grundmaßes bedingen, können für die deutschen Flughäfen etwa 10%, in heißeren und höher liegenden Gebieten wesentlich mehr betragen.

Untersuchungen und Erfahrungen aus der Praxis führten zu der Feststellung, daß für deutsche Flughäfen für die nächsten Jahre mit einer Grundlänge von 1800 m für Kontinentalflughäfen und 2150 m für Interkontinentalflughäfen ausgekommen werden kann. Diese Längen entsprechen den Mindestanforderungen der Klasse C und B der ICAO Daß darüber hinaus jede Erweiterungsmöglichkeit für die Startbahnen offengehalten werden muß, ist selbstverständlich und sollte, wie gesagt, von vornherein im Generalausbauplan berücksichtigt sein.

3. Gestaltung des Systems der befestigten Betriebsflächen.

Vor der eigentlichen Planung des Systems der befestigten Flächen hat der Flughafenbauingenieur nach den seitherigen Ausführungen Klarheit geschaffen über:

a) Anzahl und Bemessung der benötigten Start- und Landebahnen unter Berücksichtigung der meteorologischen Einflüsse und der eingesetzten Flugzeugtypen.
b) die Hindernisse in der Flughafenumgebung,
c) den voraussichtlichen Umfang der Flugzeugbewegungen in der Stunde des stärksten Verkehrs, sowie die Daten und Eigenschaften der in Frage kommenden Flugzeugtypen.

Bei der Durchführung der Entwurfsarbeiten muß er sich klar sein, daß im Flugwesen eine ständige Weiterentwicklung im Gange ist, der in verantwortungsbewußter Weise Rechnung zu tragen ist. Spätere Änderungen der Grundplanung erweisen sich oft als unmöglich und sind in jedem Falle äußerst kostspielig.

Für die Gestaltung des befestigten Flächensystems gibt es keine feststehende Norm, sondern nur einige Grundformen, die in einer Vielzahl von durch die örtlichen Verhältnisse wesentlich beeinflußten Variationen zur Anwendung gelangen können. Es bleibt dem Können des verantwortlichen Flughafenplaners vorbehalten, das betrieblich und finanziell günstigste System zu wählen.

Die Grundformen, von denen nach Ermittlung der benötigten Anzahl von Startbahnrichtungen im Einzelfall auszugehen ist, sind.

a) Ein-Startbahnsystem; — b) Zwei-Startbahnsystem in L-, T-, V- oder X-Form; — c) Drei-Startbahnsystem unter 60°; — d) Vier-Startbahnsystem unter 45°

Das letztere kommt nicht mehr oder nur noch in Sonderfällen bei außergewöhnlichen meteorologischen Verhältnissen zur Anwendung und erfordert durch seinen erheblichen Bedarf an befestigten und unbefestigten Flächen einen wesentlich größeren finanziellen Aufwand als die übrigen Systeme. Dasselbe gilt in erhöhtem Maß für das Sechs-Startbahnsystem unter 30°, das nach den neuesten Erkenntnissen auch für Weltflughäfen mit vielseitiger Windstärkeverteilung nicht mehr erforderlich scheint.

Das gewählte System mit den örtlich bedingten Besonderheiten wird zunächst für Einzelbahnen ausgebaut. Die Planung sollte aber für die Zukunft auch Parallelbahnen vorsehen. Die letzteren werden erforderlich, wenn das Verkehrsaufkommen größer wird als die Leistungsfähigkeit des Einzelbahnsystems, die unter normalen Bedingungen bei 40 Bewegungen (Starts + Landungen) pro Stunde liegt. Es muß dann zur gleichzeitigen Durchführung eine räumliche Trennung der Start- und Landevorgänge erfolgen. Unter Schlechtwetterbedingungen beträgt

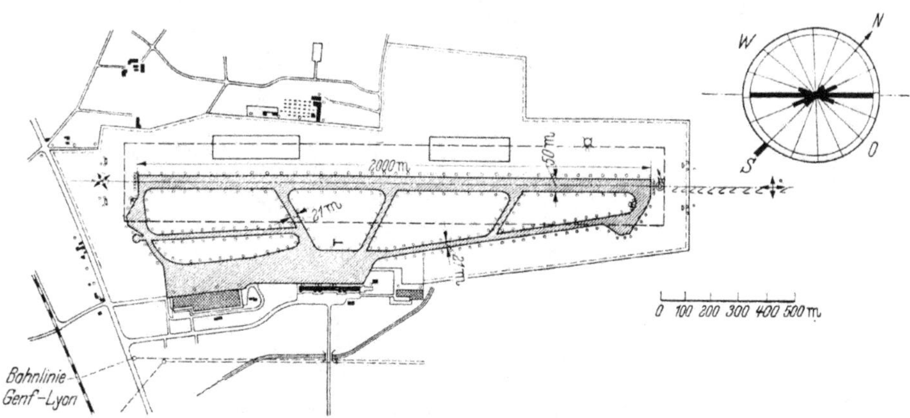

Abb. 6. Genf-Cointrin als typischer Kontinentalflughafen mit nur einer Startbahn.

die Leistung heute nur etwa 20 bis 40% dieser Zahl und es muß als vordringliche Forderung bezeichnet werden, die Leistungsfähigkeit im Schlechtwetterlandebetrieb zu erhöhen.

Bei der Berücksichtigung zukünftiger Parallelbahnen ist zu überlegen, ob eine seitliche oder zentrale Lage der Bauzone zum Startbahnsystem die zweckmäßigere Lösung darstellt. Die Wahl hängt entscheidend von der Bedeutung des Flughafens und seinem zu erwartenden Verkehrsumfang ab. Das Radial- und Tangentialsystem mit zentraler Abfertigungszone kommt im allgemeinen nur für große Weltflughäfen in Frage. Es hat betrieblich große Vorzüge, erfordert aber

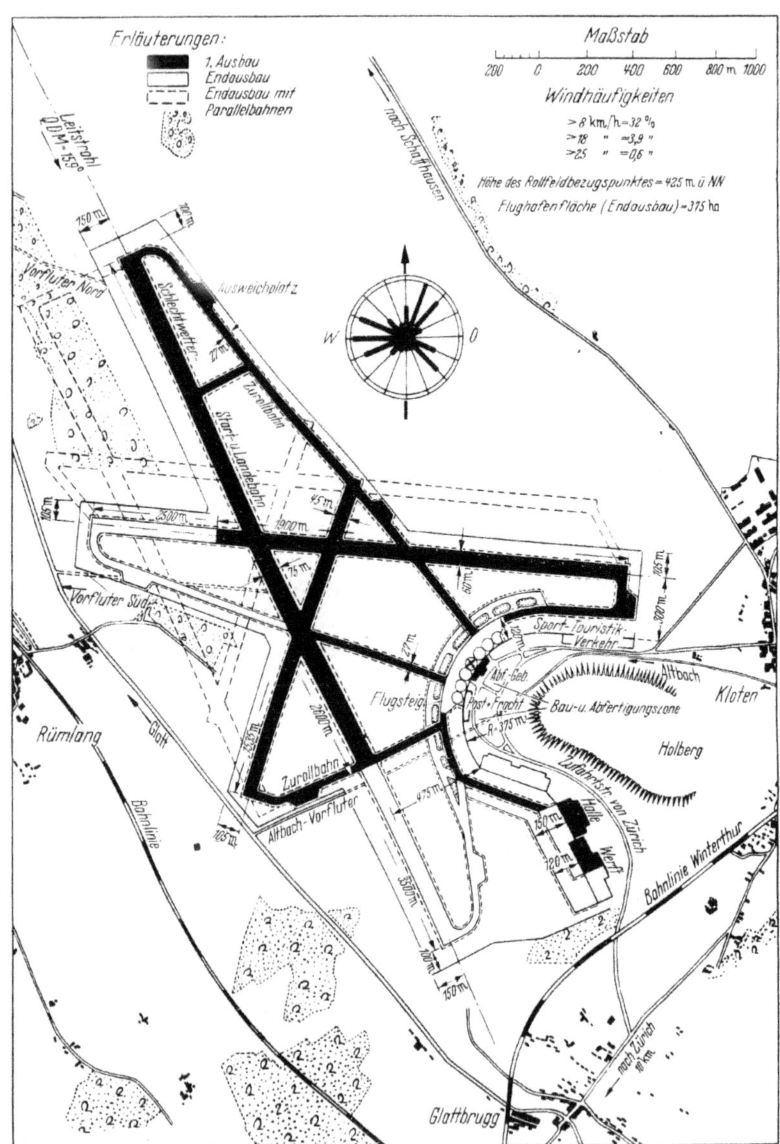

Abb. 7. Startbahnsystem des Interkontinentalflughafens Zürich-Kloten.

einen großen Flächenbedarf und eine großzügige Endausbauplanung der Bauzone, da deren spätere Erweiterung nicht mehr möglich ist. Bei diesen Systemen ergibt sich zwangsläufig ein großer Abstand zwischen den Parallelbahnen, für den die Mindestmaße bei 210 m für Schönwetter- und 450 m für Schlechtwetterstart- und Landebahnen liegen.

Die Abb. 6 zeigt den Kontinentalflughafen Genf-Cointrin als typisches Beispiel für einen Flughafen mit nur einer Startbahn. Die hier eindeutig vorherrschende Windrichtung ist durch die Lage der Gebirgszüge bedingt.

In Abb. 7 ist der Interkontinentalflughafen Zürich-Kloten wiedergegeben als Beispiel für einen Flughafen mit Drei-Bahnsystem. Der erste Ausbau des Start- und Zurollbahnsystems, der fertiggestellt ist und der Klasse B 1 der ICAO entspricht, ist schwarz angelegt, der mögliche Endausbau des Einzelbahnsystems zu Klasse A 1, ebenso die Möglichkeit der Anordnung von Parallelbahnen ist besonders gekennzeichnet. Die Bauzone zeigt die vorgeschobene Seitenlage.

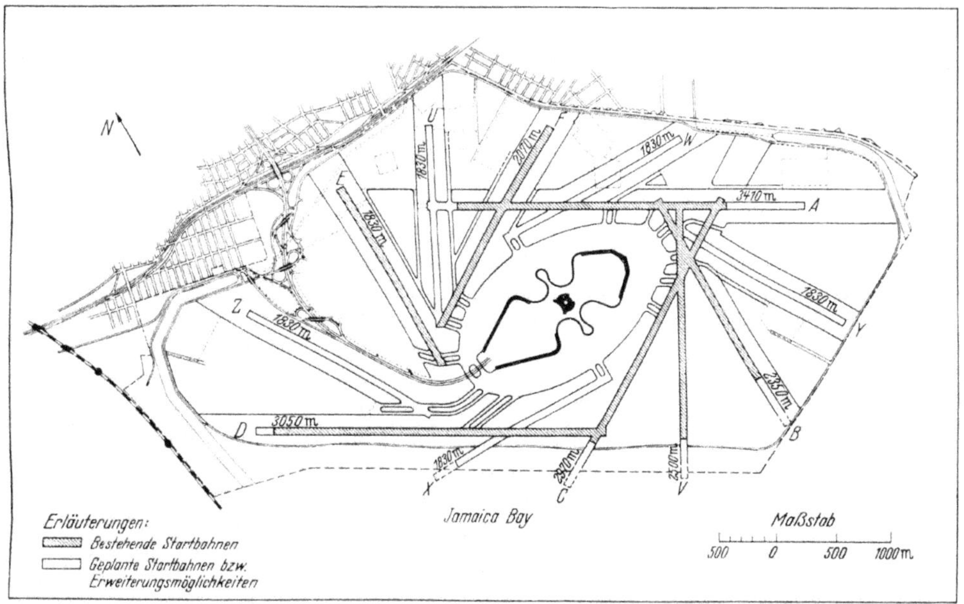

Abb. 8. Startbahnsystem des Weltflughafens New York-Idlewild.

Abb. 8 stellt den Weltflughafen New York-Idlewild als Typ des Flughafens mit tangentialem Parallelstartbahnsystem dar mit zentraler Lage der Bau- und Abfertigungszone. Das Drei-Bahnsystem (unter 60°) in Parallelanordnung ist größtenteils in Betrieb, von der im Lageplan für die Zukunft vorgesehenen Ergänzung zum Sechs-Bahnparallelsystem (unter 30°) ist eine Einzelbahn ebenfalls schon vorhanden. Die derzeitigen Ausbaulängen der Startbahnen schwanken hier zwischen 1830 und 2850 m.

E. Stärke und Konstruktion der befestigten Flächen.

1. Allgemeine bautechnische Gesichtspunkte.

Bei der bautechnischen Gestaltung der befestigten Flächen kann davon ausgegangen werden, daß im allgemeinen straßenbauähnliche Bauweisen zur Anwendung gelangen. Während des Krieges ist eine Anzahl von Schnell- und Behelfsbauweisen entwickelt worden, auf die aber hier nicht näher einzugehen ist. Gegenüber den starren und nichtstarren Bauweisen im Straßenbau sind jedoch beim Startbahnbau wichtige Besonderheiten zu beachten:

a) Die Belastungen sind wesentlich höher.

b) Die Deckenstärken sind damit größer.

c) Es ist kein Spurverkehr und keine nachträgliche Komprimierung der Decke durch den Verkehr vorhanden, so daß grundsätzlich dicht geschlossene Decken erforderlich sind.

d) Der in absehbarer Zeit in Frage kommende Einsatz von Düsenverkehrsflugzeugen erfordert eine sehr widerstandsfähige Oberfläche.

e) Die Entwässerung der ausgedehnten Flächen macht besondere Maßnahmen notwendig.

Für die Konstruktion der Startbahnen selbst ist noch eine Reihe von Einzelheiten zu beachten, die hier nicht behandelt werden können. Die Herstellung von Betondecken erfolgt üblicherweise mit den Autobahngeräten, deren Verdichtungswirkung jedoch für diese Deckenstärken meist nicht ausreichend ist. Eine zusätzliche Verdichtung mit Hilfe von Innenrüttlern hat sich gut bewährt. Bei Betonstartbahnen sollte eine Biegezugfestigkeit von mindestens 48 kg/qcm vorgeschrieben werden.

Düsenflugzeuge können je nach Anordnung der Triebwerke durch Strahl-, Hitze- und Treibstoffeinwirkung besonderen Einfluß auf die Deckenoberfläche ausüben. Hierüber sind Untersuchungen im Gange. Es kann heute schon gesagt werden, daß die Stand- und Abbremsflächen für Düsenflugzeuge zweckmäßig nur in hochwertiger Betonbauweise hergestellt werden sollten, für die eine gegen die obengenannten Einflüsse unempfindliche Fugenvergußmasse benötigt wird.

2. Ermittlung der Deckenstärke.

Die Deckenstärke der befestigten Flächen hängt von zwei Hauptfaktoren ab:

a) Gesamtgewicht und maßgebende Einzelradlast des Flugzeuges; — b) Tragfähigkeit des Planums.

Für die Verteilung des Flugzeuggewichts auf die Decke ist die Gestaltung des Fahrwerks und seine Gliederung in Einzel-, Doppel-, Doppeltandemräder usw., maßgebend. In Tab. 2 sind die Gewichte und die für die Dimensionierung der Decke maßgebenden Einzelradlasten der modernen Verkehrsflugzeuge wiedergegeben. Es ist hieraus erkennbar, daß eine Einzelradlast von etwa 27 t auch bei den schwersten Flugzeugen bis auf weiteres nicht überschritten wird.

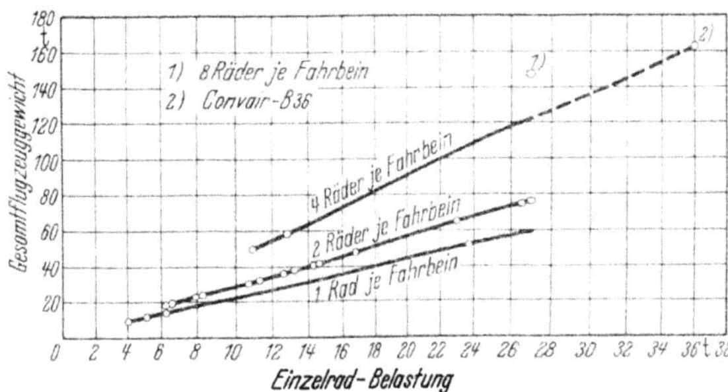

Abb. 9. Einzelradbelastung in Abhängigkeit vom Flugzeuggewicht und der Fahrwerksunterteilung.

In Abb. 9 sind die Werte der Tab. 2 graphisch dargestellt und vergleichsweise durch das schwerste militärische Flugzeugmuster Convair B 36 ergänzt, das eine Einzelradlast von 36 t aufweist. Aus der Zusammenstellung kann die Erkenntnis gewonnen werden, daß im allgemeinen auch für große Flughäfen mit interkontinentalem Verkehr mit einer Zugrundelegung von 27 t Einzelradbelastung auszukommen ist.

Weiter ist zu beachten, daß nicht nur die Größe der Einzelradlast, sondern auch die Frequenz des Verkehrs die Größe der Deckenstärke beeinflussen. Je größer die Frequenz der auftretenden Belastungen ist, desto stärker soll die Decke bemessen werden. Andererseits ist klar, daß die schwersten Flugzeuge einen Flughafen in geringerer Frequenz anfliegen als die leichteren.

Der Untergrund, auf den die Befestigung zu liegen kommt, soll über die ganze Fläche von möglichst gleichförmiger Beschaffenheit sein. Seine Tragfähigkeit kann nach verschiedenen in der Bodenmechanik gebräuchlichen Verfahren bestimmt werden. Wichtig ist, daß nicht nur Laborversuche, sondern auch Feldversuche mit Lastenplatten an Ort und Stelle durchgeführt werden.

Aus dem Ergebnis einer geologischen Überprüfung der zu befestigenden Fläche und einer Bodenanalyse läßt sich der Umfang der notwendigen Untersuchungen ableiten. Je nach der sich ergebenden Belastbarkeit des Planums, der Frostempfindlichkeit und -eindringungstiefe und den Entwässerungsbedingungen muß die Notwendigkeit, Stärke und Zusammensetzung einer besonderen Unterbauschicht bestimmt werden. Eine gute Verdichtung des Planums sowie des Unterbaues mit Vibrations- und Stampfgeräten ist in jedem Fall sehr wichtig.

Bei der Ermittlung der Deckenstärke ist nach starren und nichtstarren Konstruktionen zu unterscheiden.

a) Starre Decken. Hier wird neben einer Reihe von anderen Formeln hauptsächlich nach dem Verfahren von Westergaard gearbeitet, wobei der Planumsmodul K (Bettungsziffer) bei der theoretischen Ermittlung der Spannungen verwendet wird. Der K-Wert wird aus Belastungsversuchen am optimal feuchten Untergrund — nach der amerikanischen Handhabung mit einer Lastenplatte von 76 cm Durchmesser — bestimmt als Belastung in kg/qcm geteilt durch die Verformung in cm.

Tabelle 2. *Gewichte und Einzelradlasten moderner Flugzeuge*[1].

Flugzeugmuster	Gewicht kg	Räder pro Fahrbein	Entspr. Einzelradlast[2] kg	Reifendruck kg/qcm
1	2	3	4	5
Bristol Brabazon	148 500	8	27 000	7,8
SNCASE – SE – 2010	75 000	2	26 600	9,3
Boeing Stratocruiser	66 000	2	23 000	8,4
Bristol 175	59 000	4	12 800	8,7
Republic	52 750	1	23 700	7.1
De Havilland Comet	50 000	4	10 900	8,4
Lockheed 749-A	48 000	2	16 800	8,4
„ Constellation	41 750	2	14 600	5,1
Douglas DC-6	41 000	2	14 300	7,7
Hermes 5	38 000	2	13 200	5,4
Canadair DC-4M	36 000	2	12 600	6,3
Douglas DC-4	33 000	2	11 500	6,3
A. V. Roe C-102	30 500	2	10 700	5,2
Ambassador Airspeed	23 500	2	8 300	5,4
Vickers Viscount	22 500	2	7 900	5,9
Martin 404	19 000	2	6 600	4,1
Convair 240	18 000	2	6 300	6,6
Martin 202	18 000	2	6 300	4,2
Super DC-3	14 000	1	6 300	4,2
DC-3	11 500	1	5 150	3,5
Beech Twin Quad	8 800	1	4 000	4,2

Bei Zugrundelegung von Belastung in Plattenmitte müssen alle Fugen kraftübertragend ausgebildet werden, andernfalls muß den höheren Rand- und Eckspannungen durch größere Plattendicke oder Bewehrung Rechnung getragen werden. Die Nebenspannungen aus Temperatur, Schwinden usw. müssen entweder durch Berechnung oder in Form eines Sicherheitsfaktors berücksichtigt werden. Für Startbahnen wird üblicherweise mit einem Sicherheitsfaktor von 1,5 gerechnet. Das Diagramm der Abb. 10 gibt eine Übersicht, in welchem Bereich sich die Deckenstärken bei einer Biegezugbeanspruchung von 36 kg/qcm in Abhängigkeit von Radlast und K-Wert etwa bewegen. Neuere Feststellungen besagen, daß die Deckenstärken, die sich nach der Westergaard'schen Formel ergeben, im allgemeinen etwas überhöht sind.

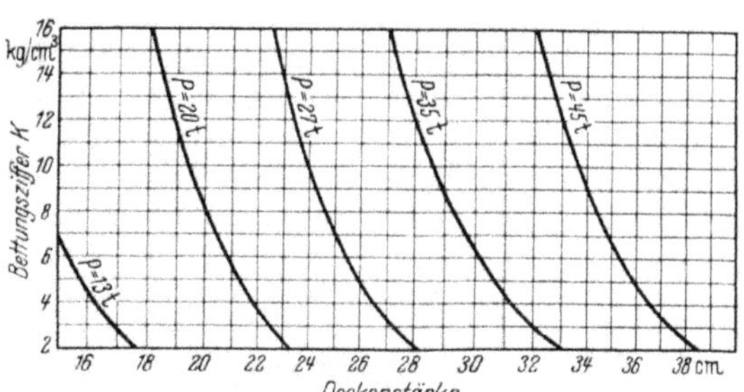

Abb. 10. Die Deckenstärke von Betonstartbahnen in Abhängigkeit von Radlast, Boden- und Betonfaktoren (Biegezugbeanspruchung $\sigma = 36$ kg/cm²).

Die Methode der CAA[3] beruht auf praktischen Erfahrungen mit bestehenden Decken unter besonderer Berücksichtigung einer Bodenklassifizierung und der Frost- und Entwässerungsbedingungen.

[1] ICAO, Annex 14.

[2] Die entsprechende Einzelradbelastung wurde festgesetzt auf:
0,45 des Flugzeuggewichtes für 1 Rad pro Fahrbein,
0,35 „ „ „ 2 Räder pro Fahrbein
0,22 „ „ „ 4 „ „ „
0,18 „ „ „ 8 „ „ „

[3] Airport Paving, U.S. Department of Commerce, Civil Aeronautics Administration, 1948.

b) Nichtstarre Decken. Bei nichtstarren Decken wird zur Ermittlung der Tragfähigkeit des Untergrundes vor allem in USA vielfach mit dem CBR-Wert (California Bearing Ratio) gearbeitet. Dieser stellt das Verhältnis der Lasten in Prozent dar, die notwendig sind, um einen Stempel von etwa 20 qcm Grundfläche einmal in eine optimal feuchte Bodenprobe und zum andern in eine Standardprobe kompakten Schotters 2,5 mm einzudrücken.

In Abb. 11 sind auf Erfahrungswerten aufgebaute Bemessungskurven der CAA für nichtstarre Startbahndecken dargestellt, die von Radlast, Bodeneigenschaften, Entwässerungs- und Frosteinflüssen abhängen. Die Böden sind gemäß Siebanalyse, Fließgrenze und Plastizitätszahl in 13 Arten eingeteilt, wobei E-1 die beste, E-13 die schlechteste (Sumpf und Moor) Bodenart bezeichnet. Diese Bodengruppen sind, je nachdem, ob gute oder schlechte Entwässerung und gleichzeitig Frostgefahr oder nicht besteht, in Untergrundklassen Fa, F 1 bis F 10 eingeteilt. Es wird also zunächst die Bodengruppe E . . . und dann die Untergrundklasse F . . . ermittelt, dann kann aus den Kurven der Abb. 11 für eine bestimmte Einzelradlast einmal die Unterbaustärke und im oberen Teil auch die Deckenstärke abgelesen werden.

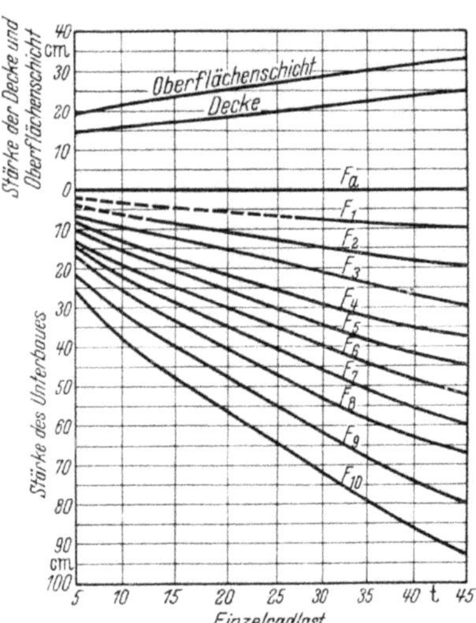

Abb. 11. Die Bemessung von nichtstarren Startbahndecken in Abhängigkeit von Radlast, Bodeneigenschaften, Entwässerungs- und Frosteinflüssen (nach CAA).

Auf den Startbahnenden, Zurollbahnen und Vorfeldern ist die Beanspruchung von Decke und Unterbau infolge des Aufsetzens, der langsam sich bewegenden Last, teilweisem Spurverkehr, ruhender Last und den Vibrationseinwirkungen beim Abbremsen der Motoren größer als auf dem Hauptteil der Startbahn, wo bei höherer Geschwindigkeit durch die Auftriebswirkung nur ein Teil der Last nach unten übertragen werden muß. Auf den erstgenannten Flächen muß daher die Befestigung stärker bemessen werden als auf der Startbahn. Das Verstärkungsmaß beträgt nach den amerikanischen Erfahrungen etwa 20—25%. Bei der Ermittlung der Deckenstärke für Betonbauweise nach Westergaard wird hier im allgemeinen mit einem Sicherheitsfaktor von 2,0 gerechnet.

Zusammenfassend ist darauf hinzuweisen, daß das Problem der vielseitigen Einwirkung des Flugzeuggewichts auf Decke und Untergrund noch nicht in allen Teilen erschöpfend gelöst ist. Die richtige Wahl von Decken- und Unterbaustärke, Konstruktion und Bauweise setzt große Erfahrung auf diesem Gebiet und ein feines Gefühl für die betrieblichen Zusammenhänge voraus.

3. Entwässerung der Flugbetriebsflächen.

Die Entwässerungsanlagen gliedern sich in:

A. Vorkehrungen zur Auffangung der von den befestigten Flächen abfließenden Oberflächenwässer (Entwässerungsrinnen).

B. Dränagen und Sickerungen (Rigolen) zur Aufnahme von Sickerwasser zum Zwecke der Planums- und Untergrundentwässerung (Sauger, Neben- und Hauptsammler, sowie Sickerungen).

C. Leitungen zur Abführung des von den Rinnen aufgefangenen Oberflächenwassers sowie des Wassers aus Dränagesammlern (Entwässerungsleitungen unter Geländeoberfläche).

D. Leitungen (Verrohrungen) als Ersatz vorhandener offener Gräben im Bereich der Flugbetriebsflächen.

Die Anlagen nach A können entsprechend ihrem Fassungs- und Abführungsvermögen die Anlagen nach C teilweise ersetzen. Ferner können die Leitungen nach C und D, soweit möglich und zweckmäßig, kombiniert werden.

a) Befestigte Flächen. Die Startbahn erhält je nach beidseitigem oder einseitigem Quergefälle an beiden oder nur an einer Seite (Talseite) eine Entwässerungsrinne zur Aufnahme des Oberflächenwassers. Ein kastenförmiger Querschnitt der Rinne und Abdeckung mit gelochten Formsteinen hat sich am besten bewährt. Auf der Bergseite ist zusätzlich eine Entwässerungsrigole zur Verhinderung des Eindringens von Sicker- und Schichtwasser in den Unterbau vorzusehen. Diese Rigole ist mindestens 40 cm unter Startbahnplanum zu führen, so daß ihre Unterkante (Dränrohr) mindestens 1,0 m unter Gelände liegt.

Auf der Talseite ist eine zusätzliche Rigole dort erforderlich, wo auch das Planum zweckmäßig mit einer Teildränage versehen wird und an besonders feuchten Stellen als Teil einer Dränage. Das von den Rinnen aufgefangene Oberflächenwasser wird in bestimmten Abständen entsprechend dem Fassungsvermögen der Rinne in eine parallel zur Startbahn anzuordnende Hauptentwässerungsleitung eingeleitet. Soweit möglich, kann diese auch zur Entwässerung der Zurollbahnen und als Hauptsammler der Teildränagen dienen.

Die Zurollbahnen erhalten zweckmäßig einseitiges Quergefälle, damit eine der beiden Rinnen eingespart werden kann. Es ist also an der Talseite eine Entwässerungsrinne, an der Bergseite nur eine Rigole in gleicher Ausbildung wie bei der Startbahn vorzusehen.

Wird die Dimensionierung von Rinnen und Leitungen nach den in der Stadtentwässerung üblichen Methoden und Abflußmengen durchgeführt, dann ergeben sich nach langjährigen Erfahrungen unnötig große Querschnitte und damit ein nicht gerechtfertigter, hoher Aufwand. Da bei den Flugbetriebsflächen an die Abflußdauer kein so scharfer Maßstab anzulegen ist, wie bei der städtischen Straßenentwässerung, können die Leitungen für wesentlich geringere Abflußmengen bemessen werden.

b) Unbefestigte Flächen. Die unbefestigten Flächen werden nur nach Bedarf entsprechend den örtlichen Verhältnissen an besonders feuchten Stellen, abflußlosen Geländemulden und im Bereich früherer, zu verlegender Entwässerungsgräben mit Teildränagen versehen.

Im Bereich der Start- und Landefläche liegende Gräben sind umzulegen oder zu verrohren. Verrohrungen sollten aus wirtschaftlichen Gründen möglichst kurz gehalten werden. Bei der Ausbildung der Verrohrungen ist auf die Belastungen aus dem Flugbetrieb entsprechend der Tiefenlage und den Rohrweiten durch Ummantelung Rücksicht zu nehmen.

F. Flughafenbauzone.

Die Begrenzung der Bauzone gegen die Flugbetriebsflächen ist nach der Anordnung der Startbahnen, Start- und Landeflächen, Zurollbahnen und Vorfeldflächen eindeutig festgelegt. Ihre Ausgestaltung bedarf sorgfältiger Überlegung. Wichtig ist, ob es sich um einen Flughafen mit vorwiegendem End- oder mit überwiegendem Durchgangsverkehr handelt. Der Endflughafen erfordert im Gegensatz zum Durchgangsflughafen besondere Anlagen für die betriebstechnische Betreuung und für die Abstellung der Flugzeuge.

Von den Flughafenbauten muß grundsätzlich verlangt werden, daß sie sinnvoll den heutigen betrieblichen Anforderungen entsprechen und auch anpassungsfähig sind an die künftigen Aufgaben. Die Grundlage für die Planung bildet der Betriebsablauf der Abfertigung und die Verkehrsentwicklung.

Der Schwerpunkt der Bauzone ist das Abfertigungsgebäude, in dem sich befinden:

Fluggast- und Gepäckabfertigung;
Paß-, Zoll- und Gepäckkontrolle;
Büros der Luftverkehrsgesellschaften;
Flugsicherungs- und Wetterdienst;
Flughafenverwaltung;
Restaurant mit Zuschauerterrassen.

Weitere Bauten sind die Flugsteiganlagen, Feuerwache, Flughafenbetriebshof mit Garagen und Werkstätten, Versorgungsanlagen und Tankdienste. Bei größeren Flughäfen sind gesonderte Post- und Frachtgebäude erforderlich. Bei kleinem Verkehrsumfang kann die Post- und Frachtabfertigung gegebenenfalls im Abfertigungsgebäude untergebracht werden.

Die Straßenführung zum Abfertigungsgebäude muß eine sichere und schnelle Zu- und Abfahrt der Kraftwagen ermöglichen. Für die Anzahl der erforderlichen Parkplätze sind nicht nur die Fahrzeuge des Zubringerdienstes und der Fluggäste, sondern in erheblichem Umfang auch der Besuchergäste in Betracht zu ziehen.

G. Flugsicherungseinrichtungen.

Die Flugsicherungsanlagen umfassen im wesentlichen die Befeuerungsanlagen und die Schlechtwetterlandeanlage. Die Bedienung und Überwachung all dieser Anlagen erfolgt vom Kontrollturm aus, von wo die gesamten Bewegungsvorgänge im Flughafenbereich in der Luft und am Boden geleitet und kontrolliert werden. Die Notwendigkeit umfangreicher Fernmeldeanlagen braucht nicht besonders hervorgehoben werden. Die Befeuerungsanlagen umfassen:

1. Hochleistungs-Start- und Landebahnbefeuerung; — 2. Zurollbahnbefeuerung; — 3. Drehscheinwerfer; — 4. Hindernisbefeuerung; — 5. Anflugbefeuerung; — 6. Landerichtungsanzeiger und Lande-T.

Die Anordnung der Start- und Landebahnbefeuerung erfolgt beidseitig entlang der Startbahn im Abstand von etwa 60 m zwischen je 2 Feuern. Die Startbahnenden werden durch Schwellenfeuer gekennzeichnet.

Die Zurollbahnbefeuerung wird ebenfalls beiderseits des Bahnrandes paarweise symmetrisch im Abstand von 50 bis 55 m angeordnet, wobei die Abgänge von der Startbahn durch Doppelfeuer markiert sind. Der Drehscheinwerfer ist im allgemeinen auf dem Dach des Abfertigungsgebäudes eingebaut.

Der besonderen Kennzeichnung der Flughafenbauten, der Schlechtwetterlandeeinrichtungen und der örtlich festzustellenden Außenhindernisse dient die Hindernisbefeuerung.

Die Hochleistungs-Anflugbefeuerung wird im Hauptanflugsektor, in dem die Schlechtwetterlandungen durchgeführt werden, eingebaut. Auf der Anfluggrundlinie wird eine einreihige Feuerkette von 30 Feuern im Abstand von 30 m vorgesehen. Bei jedem fünften Feuer befindet sich senkrecht und symmetrisch zur Anfluggrundlinie ein Querbalken als künstlicher Horizont zur Kontrolle über Fluglage und Entfernung durch den Piloten.

Der Landerichtungsanzeiger ist flach am Boden kurz vor dem Startbahnanfang eingebaut und wird je nach Landerichtung auf der Anflugseite als grüner Pfeil, am entgegengesetzten Ende als rotes Sperrkreuz geschaltet. Das Wind-T mit blauer Neonbefeuerung auf der Hauptanflugseite zeigt dem Flugzeugführer beim Einschweben kurz vor dem Aufsetzen die Richtung des Bodenwindes an.

Die für die deutschen Flughäfen vorgesehenen ILS-Schlechtwetterlandeanlagen bestehen aus dem Ansteuerungssender (Localizer), dem Gleitwegsender, dem UKW Haupteinflugzeichensender mit Mittelwellenstandortsender und dem UKW Voreinflugzeichensender mit Mittelwellenzielflugfunkfeuer. Diese Einrichtungen müssen im Rahmen gewisser Richtmaße an störungsfreien Standorten angeordnet werden.

H. Bauhöhenplan für die Flughafenumgebung.

Der genehmigte Generalausbauplan des Flughafens bildet die Grundlage für die Aufstellung des Bauhöhenplanes für die Flughafenumgebung nach den gesetzlichen Vorschriften. Dieser ist für die Stadtplanung von besonderer Bedeutung. Dem endgültigen Bauhöhenplan muß meist ein vorläufiger vorausgehen, zu dem die interessierten Stellen sich zum Zwecke der Abstimmung der Belange äußern können. Der durch die zuständige Luftfahrtbehörde genehmigte Bauhöhenplan enthält die Bauhöhenbeschränkungen in den im LVG festgelegten Bereichen und dient den örtlichen Baugenehmigungsbehörden als Arbeitsunterlage. Er wird auch allen nicht der Baugenehmigungspflicht unterliegenden Stellen zugeleitet, wodurch sichergestellt werden soll, daß nach der Genehmigung des Flughafens keine Bauten in seiner Nähe erstellt werden, die die Sicherheit seines Betriebes und seine Erweiterungsfähigkeit beeinträchtigen könnten.

J. Geländebedarf und Baukosten.

Bis zur Zeit vor dem zweiten Weltkrieg betrug der Geländebedarf für einen Flughafen im allgemeinen höchstens 100 bis 150 ha. Trotz des Abgangs vom Kreis- bzw. elliptischen Flächensystem werden heute durch die zunehmenden Startbahnlängen größere Flächen benötigt. Der Mindestbedarf für den ersten Bauabschnitt eines Kontinentalflughafens mit einer Startbahn beträgt rund 200 ha. Der erste Ausbau des in der Abb. 7 gezeigten Flughafens Zürich umfaßt ein Gelände von 280 ha, bei Ausbau zu Klasse A wird er 375 ha benötigen.

Die Baukosten betragen bei einem bescheidenen ersten Ausbau mit einer Startbahn und Zurollbahn, Vorfeld, einem kleinen Abfertigungsgebäude mit Nebenanlagen mindestens 12 bis 15 Millionen DM. Der Ausbau des Flughafens Zürich zum Kontinentalflughafen hat über 110 Millionen Schw. Frcs. erfordert. Im Vergleich dazu wurden zum Ausbau des Flughafens Amsterdam-Schiphol bis 1950 72 Millionen Gulden aufgewandt.

Die Untersuchung, auf welche Fachgebiete die Kosten entfallen, ergibt für das Bauingenieurwesen mit den gesamten Betriebsflächen, Hallen und Straßen 70%, für den Architekten mit der Gestaltung von Abfertigungsgebäude und Betriebshof 15%, auf Flugsicherungs- und Fernmeldeanlagen entfallen 10% und auf den Maschinenbauer rund 5%. Daraus läßt sich die Wichtigkeit und der Umfang der notwendigen fachlichen Zusammenarbeit bei Planung und Bau von Flughäfen erkennen. Die führende Stellung bei der Bewältigung dieser Aufgaben nimmt der Bauingenieur ein, dem damit eine sehr interessante und verantwortungsvolle Tätigkeit zufällt.

II. Anwendung der technischen Planungsgrundsätze auf das Beispiel des Flughafens Niedersachsen.

A. Flugbetriebstechnische Forderungen an das Gelände.

Das gesuchte Gelände wird zwar vorläufig nur einen Flughafen kontinentalen Charakters aufnehmen müssen, die verkehrsgeographische Lage und Bedeutung des Raumes Hannover—Braunschweig und die noch nicht abgeschlossene Entwicklung des Flugwesens machen es jedoch erforderlich, schon heute die Größenordnung eines interkontinentalen Flughafens der Klasse A nach den ICAO-Empfehlungen vorzusehen. Die Schlechtwetter-Start- und Landebahn muß eine spätere Verlängerung auf 3000 m gestatten. Auch müssen ausreichende Flächen für die etwaige Anlage einer Parallelbahn zu dieser verfügbar sein.

Im wesentlichen sind folgende Ausbauforderungen bei der Überprüfung der Gelände zugrunde zu legen:

Grundlänge der Hauptstart- und Landebahn	2550 bzw. 3000 m
Länge etwaiger weiterer Start- und Landebahnen 70 bis 85% von	2550 bzw. 3000 m
Breite der Start- und Landebahnen	60 bzw. 45 m
Hindernisfreiheit in den Schlechtwetteranflugsektoren mindestens	1 : 50
Hindernisfreiheit in den Schönwetteranflugsektoren mindestens	1 : 40
Breite der Schlechtwetterstart- und Landeflächen mindestens	300 m
Breite der übrigen Start- und Landeflächen mindestens	210 m
Breite der Zurollbahnen	30 bzw. 22,5 m

B. Anzahl und Lage der untersuchten Geländeflächen.

Der Raum Hannover—Braunschweig wurde südlich und nördlich der Autobahn nach zur Prüfung in Frage kommenden Geländen untersucht. Nach der Lage der einzelnen an anderer Stelle ermittelten Schwerpunkte aus dem jeweiligen Verkehrsaufkommen für den Luftverkehr müßten vor allem Gelände südlich der Autobahn herangezogen werden. Wie aus dem Übersichtsplan (Abb. 12) hervorgeht, ist der gesamte Raum in so besonderem Maße mit Hochspannungsleitungen belegt, die im wesentlichen vom Hauptlastverteiler Lehrte ausgehen, daß er einer eingehenderen Untersuchung nicht bedarf. Eine Verkabelung von Leitungen derartiger Spannungen ist praktisch nicht möglich und eine Änderung der Linienführung würde infolge der Lage des Hauptlastverteilers ebenfalls nicht zum Erfolg führen. Der Raum südlich der Autobahn Hannover—Braunschweig scheidet daher bei der Prüfung der Möglichkeiten für die Anlage eines Verkehrsflughafens Niedersachsen von vornherein aus.

Nördlich der Autobahn wurden, in der Reihenfolge von Westen nach Osten, folgende fünf Geländeflächen untersucht:

I. Das Gelände des früheren Militärflughafens Hannover-Langenhagen, nachfolgend mit Langenhagen bezeichnet.

II. Das Gelände des Altwarmbüchener Moors, nachfolgend mit Altwarmbüchen bezeichnet.

III. Das Gelände zwischen Immensen, Autobahn und Steinwedel, nachfolgend mit Immensen bezeichnet.

IV. Das Gelände östlich Burgdorf, nachfolgend mit Burgdorf bezeichnet.

V. Das Gelände zwischen Arpke, Sievershausen, Ölerse und Schwüblingsen, nachfolgend mit Sievershausen bezeichnet.

Der frühere Verkehrsflughafen Braunschweig-Waggum wurde infolge seiner Lage direkt bei Braunschweig nicht in die Reihe der für einen Flughafen Niedersachsen in Frage kommenden Gelände aufgenommen, jedoch trotzdem außerhalb der Vergleichsreihe einer kurzen technischen Betrachtung und Stellungnahme unterzogen.

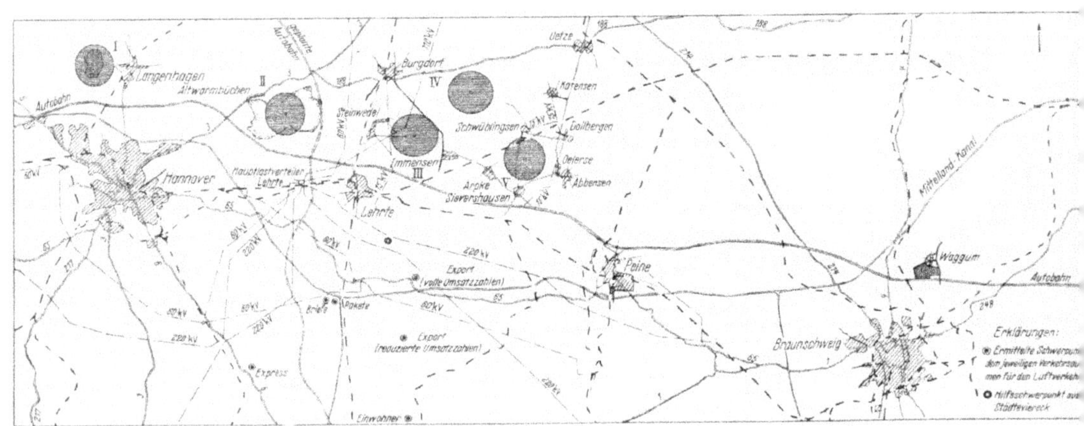

Abb. 12. Lage der untersuchten Geländeflächen für den Flughafen Niedersachsen.

Die untersuchten Flächen sind in Abb. 12 durch einen schraffierten Kreis von 3 km Durchmesser gekennzeichnet. Die Größe der schraffierten Fläche ist nicht identisch mit dem erforderlichen Geländebedarf, sondern soll nur zur Orientierung angenähert Standort und Umfang der Gelände bezeichnen, die der Einzeluntersuchung zugrunde gelegt wurden.

Die ursprüngliche Begrenzung der alten Flughäfen Langenhagen und Waggum ist zum Vergleich im Übersichtsplan besonders hervorgehoben.

C. Untersuchung und Bewertung der verschiedenen Geländeflächen.

Für jede Geländefläche wurden Vorentwürfe der Flughafenbetriebsflächen aufgestellt und danach die Ausbaumöglichkeiten nach den unter I. C genannten Gesichtspunkten kritisch beurteilt.

Die für Langenhagen und den früheren Verkehrsflughafen Vahrenwald vorliegenden Unterlagen über Häufigkeit und Stärke der Windrichtungen wurden für alle fünf Gelände zugrunde gelegt, was bei der Ausdehnung des untersuchten Bereiches von etwa 30 km und seiner einheitlichen topographischen Gestaltung vertretbar erscheint.

Die Lage der einzelnen Gelände zu den ermittelten Verkehrsschwerpunkten bzw. die Entfernung der ersteren von Hannover und Braunschweig nach Straßenkilometer und Fahrzeit wird noch gesondert behandelt und ist im Bewertungsschema, Planungsfaktor Nr. 3, zunächst noch nicht erfaßt.

1. Gelände I Langenhagen.

a) Beschreibung.

α) Geographische Lage.

Östliche Begrenzung	:	Straße Evershorst—Langenhagen/Brink.
Südliche „	:	Linie Godshorn—Schulenburg—Engelbostel.
Westliche „	:	Nord-Südlinie durch Engelbostel.
Nördliche „	:	Ost-West-Linie nördlich Evershorst.

β) Verkehrslage (Anschlußmöglichkeiten).

Eisenbahn:	Anschluß an die Strecke Hannover—Celle vorhanden.
Straßen:	Straßenverbindung von Hannover zum Gelände teils vorhanden, teils Ausbau erforderlich. Anschluß an Autobahn Hannover—Braunschweig vorhanden, Verbesserung dieses Anschlusses durch Umgehungsstraße möglich.

γ) Topographische Verhältnisse. Im ganzen einigermaßen ebenes Gelände ohne große Höhenunterschiede.

δ) Untergrund- und Vorflutverhältnisse. Geschiebesande und Geschiebelehme der vorletzten Eiszeit, die von Tonen der unteren Kreide in wechselnder Zusammensetzung unterlagert sind. Im westlichen Teil des Geländes steht teilweise Moorerde geringer Mächtigkeit an der Oberfläche an.

Grundwasserspiegel (Oktober 1950) 0,70 bis 1,10 m.

Bei Berücksichtigung der Erfahrungsgrundsätze für die Gestaltung des Unterbaues und der Entwässerung von Startbahnen ist der Untergrund für die Erstellung der Betriebsflächen geeignet.

Vorfluter (Trentelgraben) vorhanden. Letzterer dient für die bestehenden Anlagen bereits als Vorfluter.

ε) Bodenkultur und vorhandene Bebauung. Im wesentlichen Heideboden, Waldboden und anmooriger Boden mit Waldkulissen im Westen und Norden. Im Süden teilweise Acker- und Gemüsebau.

Die vorhandene Bebauung, auf die bei der Planung besondere Rücksicht zu nehmen ist, umfaßt die Ortslagen Langenhagen, Schulenburg, Engelbostel, eine Ziegelei und die bestehenden Flughafenbauten.

ζ) Hindernisfreiheit der Geländeumgebung und Erweiterungsmöglichkeit. Zur Erzielung eines hindernisfreien An- und Abflugs sind die Wohnhäuser an der Evershorster Straße, verschiedene Schornsteine in Langenhagen und einige Bauten in und nördlich Engelbostel bei der Planung besonders zu beachten. Diese Hindernisse lassen sich bei geeigneter Anordnung der Flugbetriebsflächen und Anflugsektoren umgehen, ohne daß eine Beseitigung erforderlich wird. Die Frage einer Befeuerung einzelner Hindernisse wäre später gesondert zu überprüfen.

Erweiterungsmöglichkeit der Flugbetriebsflächen über das Ausmaß der ICAO-Empfehlungen — Klasse A — hinaus ist nach allen benötigten Richtungen gegeben.

Infolge der Nachbarlage des Militärflughafens Wunstorf tritt eine gewisse Überschneidung der Schlechtwetteranflugsektoren der beiden etwa 18 km Luftlinie voneinander entfernt liegenden Flughäfen ein. Bei Schlechtwetterlagen ist daher zur einwandfreien Durchführung eine Koordinierung des Betriebes erforderlich. Eine derartige Abstimmung des Betriebes ist üblich und hat sich in Großstädten mit mehreren Flughäfen bewährt. Die Zustimmung der maßgebenden englischen Militärdienststellen ist hierzu notwendig.

η) Meteorologische und klimatische Verhältnisse.

αα) Windrichtung (in der Reihenfolge der Häufigkeit)

O — W	zusammen etwa	42 %
NO — SW	„ „	22 %
NW — SO	„ „	18 %
N — S	„ „	12 %
Windstille		6 %

ββ) Windstärke. Die Auswertung der vorliegenden Windstärkewerte für die Jahre 1935 bis 1944 und 1946 bis 1950 nach den ICAO-Empfehlungen ergibt für eine etwa in O-W-Richtung angeordnete Start- und Landebahn einen Betriebswert von 98%. Hierbei ist von dem meteorologisch ungünstigeren Winterhalbjahr mit den größeren Windstärken ausgegangen. Vierteljahres- oder Monatsstatistiken standen nicht zur Verfügung. Die im Abschnitt I D 1 erwähnte Verringerung des Betriebswertes gegenüber den mittleren Jahreswerten (Abb. 4) ist erkennbar. Die ICAO-Empfehlung (95%) ist damit bereits mit einer Startbahnrichtung erfüllt.

Wird für leichtere und daher seitenwindempfindlichere Flugzeuge vorsorglich eine zweite Start- und Landebahnrichtung (NO-SW) herangezogen, dann erhöht sich der Betriebswert des Bahnsystems auf 99,6%. Eine dritte Startbahnrichtung ließe sich im Gelände zwar einordnen, sie bringt aber keine nennenswerte Verbesserung des Betriebswertes (99,8 an Stelle von 99,6) und es besteht bei der erreichten Nutzbarkeit im vorliegenden Fall auch grundsätzlich kein zwingender Anlaß, eine solche vorzusehen.

γγ) Nebelhäufigkeit. Die Zahl der Nebeltage ist zwar in den einzelnen Jahren erheblichen Schwankungen unterworfen, sie zeigt jedoch im Vergleich zu anderen Flughäfen für Langenhagen verhältnismäßig geringe Nebelhäufigkeit.

b) Beurteilung. Die Hindernisfreiheit der Umgebung des Geländes liegt im Rahmen der Standardforderungen der ICAO. Bei Schlechtwetterlagen ist eine Abstimmung des Betriebs mit demjenigen des benachbarten Militärflughafens Wunstorf erforderlich. Erweiterungsmöglichkeit der Flugbetriebsflächen über die Ausmaße der Klasse A der ICAO-Empfehlungen hinaus vorhanden. Bewertung: „geeignet".

Das Gelände ist meteorologisch „gut geeignet".

Nach seinen verkehrlichen Anschlußmöglichkeiten „gut geeignet"

Das Gelände ist hinsichtlich Umfang der Erdmassenbewegung und Baudurchführung als „gut geeignet" zu beurteilen.

Der Untergrund ist für die Anlage von befestigten Betriebsflächen als geeignet zu bezeichnen. Zusammen mit der Tatsache, daß das Gelände im wesentlichen keinen landwirtschaftlich wertvollen Boden umfaßt, ist dieser Faktor mit „gut geeignet" zu bezeichnen.

Zusammenfassung: Gelände I für die Anlage eines Großflughafens geeignet.

c) Wertungszahl. (vgl. Bewertungsstufen S. 35)

α)	3	×	0	=	0
β)	1,5	×	+ 1	=	+ 1,5
γ)	1	×	+ 1	=	+ 1
δ)	1	×	+ 1	=	+ 1
ε)	1	×	+ 1	=	+ 1
					+ 4,5

2. Gelände II Altwarmbüchen.

a) Beschreibung.

α) Geographische Lage.

Östliche	Begrenzung	: Straße Burgdorf—Aligse.
Südliche	„	: Autobahn Hannover—Braunschweig.
Westliche	„	: Autobahn und Bundesstraße 3.
Nördliche	„	: Bundesstraße 3.

β) Verkehrslage (Anschlußmöglichkeiten).

Eisenbahn :	Strecke Lehrte—Celle.
Straßen :	Autobahn Hannover—Braunschweig Bundesstraße 3.

γ) Topographische Verhältnisse. Ebenes bis mäßig bewegtes Gelände mit vielen kleinen Senken, Stichen und Wassergräben.

δ) Untergrund- und Vorflutverhältnisse. Nasses Hochmoor, das in seinem westlichen Teil in einer Mächtigkeit bis zu 4,8 m ansteht. Im östlichen Teil ist die mehr oder weniger zersetzte Torfschicht im Durchschnitt 2,5 m stark. Darunter folgt mittel- bis feinkörniger weißer Sand. Der Grundwasserspiegel bewegt sich um 0,30 bis 0,50 m.

Der Wasserabführung ist bei diesem hohen Grundwasserstand besondere Sorgfalt zu widmen. Ein diesbezügliches Projekt liegt beim Wasserwirtschaftsamt Hannover vor.

ε) Bodenkultur und vorhandene Bebauung. Für Ackerbau nur zum Teil geeignet, für Grünland mäßig, Bodengüte nach der Wirtschaftsnutzungskarte 10 bis 27. Am Rand des Moors überall Torfstich. Teilweise bewaldet. Nennenswerte Bebauung nicht vorhanden. Nur kleine Siedlerstellen am Rand des Moors.

ζ) Hindernisfreiheit der Geländeumgebung und Erweiterungsmöglichkeit. Mit Ausnahme von zwei Schornsteinen der Ziegelei Altwarmbüchen am NW-Rand des Moors keine Hindernisse vorhanden.

Die große Ausdehnung des Geländes von 5 × 3 km bis zu der im Osten geplanten Autobahn gestattet ausreichende Erweiterungsmöglichkeit.

η) Meteorologische und klimatische Verhältnisse.

αα) Windrichtung wie Gelände I.

ββ) Windstärke wie Gelände I.

γγ) Die Nebelhäufigkeit wird durch den Einfluß des nassen Hochmoors wesentlich stärker in Erscheinung treten als im gesamten Bereich der übrigen untersuchten Geländeflächen.

b) Beurteilung. Das Gelände bietet gute Hindernisfreiheit und Erweiterungsmöglichkeit („gut geeignet") und liegt durch die unmittelbare Nähe der vorhandenen O-W- und der geplanten N-S-Autobahn auch verkehrsgünstig („gut geeignet").

Infolge stärkerer Neigung zu Nebelbildung klimatisch „wenig geeignet".

Es umfaßt auch kein landwirtschaftlich wertvolles Gebiet. Der Untergrund ist jedoch denkbar ungünstig und die bei der Wahl dieses Geländes erforderliche Beseitigung der 2,5 bis 4,8 m starken Torfschicht unter den Betriebsflächen würde zu untragbar hohen Baukosten und sehr langer Bauzeit führen („wenig geeignet" bzw. „ungeeignet").

Die am Rand des Moors liegenden Flächen nördlich und südlich Kolshorn wurden ebenfalls untersucht. Sie reichen jedoch flächenmäßig für eine Flughafenanlage nicht aus und werden zudem von der geplanten Autobahn Nord-Süd und einer 60 KV Hochspannungsleitung durchzogen.

Zusammenfassung: Gelände II für die Anlage eines Großflughafens nicht geeignet.

c) Wertungszahl.

α)	3	× + 1	=	+ 3
β)	1,5	× − 1	=	− 1,5
γ)	1	× + 1	=	+ 1
δ)	1	× − 1	=	− 1
ε)	1	× − 2	=	− 2
				− 0,5

3. Gelände III Immensen.

a) Beschreibung.

α) Geographische Lage.

Östliche	Begrenzung	: Nord-Süd-Linie durch Immensen.
Südliche	,,	: Bahnlinie Lehrte—Wolfsburg, Autobahn Hannover—Braunschweig.
Westliche	,,	: Ortschaft Steinwedel und Bahnlinie Lehrte—Celle.
Nördliche	,,	: Ost-West-Linie durch Röddensen und Steinwedel.

β) Verkehrslage (Anschlußmöglichkeiten).

Eisenbahn: Anschlußmöglichkeit an Strecke Lehrte—Celle bzw. Lehrte—Wolfsburg.
Straßen : Anschlußmöglichkeit an Autobahn Hannover—Braunschweig.

γ) Topographische Verhältnisse. Ebenes bis mäßig bewegtes Gelände.

δ) Untergrund- und Vorflutverhältnisse. Aus vorhandener alter Sandgrube konnten Rückschlüsse auf das Bodenprofil gezogen werden, wobei Mutterboden von 0,3 bis 0,5 m, lehmiger Sand von 0,2 bis 0,3 m und darunter Sand anstand. Im wesentlichen handelt es sich um Sand, in dem in Teilflächen mehr oder weniger lehmige Bestandteile enthalten sind. Entlang dem Niederungsgebiet der Aue und einem von NO nach SW verlaufenden, in diese einmündenden Graben ist anmooriger Boden vorhanden. Der Grundwasserstand erfordert keine besonderen bautechnischen Maßnahmen.

Als Vorfluter könnte die Aue herangezogen werden.

ε) Bodenkultur und vorhandene Bebauung. In der Wirtschaftsnutzungskarte ist der natürliche Bodenwert als sehr schlecht (1 bis 16), in kleineren Teilflächen als z. T. gering (25 bis 40) und z. T. gut geeignet (41 bis 57) angegeben. Die neuerdings erfolgte Bewertung kommt zu einer tatsächlichen Bodengüte von 38 bis 55.

Im wesentlichen werden Hackfrüchte und Gemüse, Getreide, Kartoffeln und Zuckerrüben angebaut.

Eine Bebauung des Geländes ist mit Ausnahme einigor Schuppen oder Scheunen nicht vorhanden.

ζ) Hindernisfreiheit der Geländeumgebung und Erweiterungsmöglichkeit. Bei der Untersuchung zu beachtende Hindernisse bzw. Einschränkungen sind:

Osten : Ortslage Immensen, Ziegelei und Eisenbahnlinie Lehrte—Wolfsburg.
Süden : Autobahn und Bahnlinie Lehrte—Wolfsburg, 5 Schornsteine und Wasserturm in Lehrte.
Westen : Niederungsgebiet der Aue, 110-KV- und 15-KV-Hochspannungsleitung.
Norden : 110-KV-Hochspannungsleitung Ahlten—Burgdorf—Lüneburg.

Eine zweckmäßige Anordnung der Betriebsflächen südlich der Linie Immensen-Aligse erscheint infolge der Einengung durch Autobahn, Bahnlinie und Ortslage Immensen nicht möglich. Die 15-KV-Leitung könnte zwar verkabelt und das Niederungsgebiet der Aue überquert werden, aber es lassen sich trotzdem für einen Großflughafen keine idealen Anflugverhältnisse mit Erweiterungsmöglichkeiten schaffen.

Nördlich der Linie Aligse-Immensen ließe sich in ausreichendem seitlichem Abstand von Steinwedel ein geeignetes Startbahnsystem anlegen, wobei jedoch eine Verlegung der 28 m hohen 110-KV-Hochspannungsleitung auf die Westseite der Ortschaften Aligse und Steinwedel entlang den vorhandenen Niederungen (Aue usw.) zur Erzielung eines hindernisfreien Anflugs aus Sicherheitsgründen erforderlich ist.

η) Meteorologische und klimatische Verhältnisse.

αα) Windrichtung wie Gelände I.

ββ) Windstärke wie Gelände I.

γγ) Inwieweit das Niederungsgebiet der Aue die Nebelbildung im Bereich dieses Geländes fördert, bedarf einer gesonderten Erhebung.

b) Beurteilung. Das Gelände bietet ausreichende Hindernisfreiheit und Erweiterungsmöglichkeit nur nördlich der Linie Immensen-Aligse und nur unter der Voraussetzung, daß die 110-KV-Hochspannungsleitung auf eine Länge von etwa 10 km nach Westen verlegt wird („wenig geeignet").

Meteorologisch und klimatisch vorbehaltlich der Klärung des Punktes η) γγ) „gut geeignet".

Die Anschlußmöglichkeiten an Autobahn und Eisenbahn sind bei einer Lage etwa 2,5 km nördlich der ersteren als günstig anzusprechen („gut geeignet").

Topographische Verhältnisse „gut geeignet".

Die verhältnismäßig gute Bodenkultur und der bautechnisch gesehen gute Untergrund ergeben zusammen das Prädikat „geeignet".

Zusammenfassung: Gelände III für die Anlage eines Großflughafens mit den eingangs genannten Einschränkungen geeignet.

c) Wertungszahl.

$$\begin{array}{llrl} \alpha) & 3 & \times -1 = & -3 \\ \beta) & 1{,}5 & \times +1 = & +1{,}5 \\ \gamma) & 1 & \times +1 = & +1 \\ \delta) & 1 & \times +1 = & +1 \\ \varepsilon) & 1 & \times \quad 0 = & 0 \\ \hline & & & +0{,}5 \end{array}$$

4. Gelände IV Burgdorf.

a) Beschreibung.

α) Geographische Lage.

Östliche Begrenzung	:	Linie Schwüblingsen—Altmerdingsen.
Südliche „	:	„ Schwüblingsen—Immensen.
Westliche „	:	Straße Immensen—Burgdorf.
Nördliche „	:	Bundesstraße 188.

β) Verkehrslage (Anschlußmöglichkeiten).

Eisenbahn	:	Anschlußmöglichkeit an Strecke Lehrte—Wolfsburg.
Straße	:	„ „ Autobahn Hannover—Braunschweig.

γ) Topographische Verhältnisse. Im wesentlichen ebenes bis mäßig bewegtes Gelände.

δ) Untergrund- und Vorflutverhältnisse. Der vorhandene Bodentyp fällt im wesentlichen unter die rostfarbenen Waldböden. Im östlichen und südlichen Teil handelt es sich entsprechend dem Einfluß der Seebeeke in begrenztem Umfang um anmoorigen Boden. Unter dem Waldboden steht Sand an. Der Grundwasserstand erfordert keine besonderen bautechnischen Maßnahmen. Als Vorfluter könnte die Seebeeke benutzt werden.

ε) Bodenkultur und vorhandene Bebauung. Es handelt sich ausschließlich um Waldgelände der Staatsforstverwaltung mit unterschiedlichem Baumbestand und der üblichen mäßigen Güte des Waldbodens.

Mit Ausnahmen von zwei Jagdhäusern ist keine Bebauung auf dem Gelände vorhanden.

ζ) Hindernisfreiheit der Geländeumgebung und Erweiterungsmöglichkeit. Die von Nord nach Süd verlaufende Seebeeke bildet zweckmäßig die westliche Begrenzung des Geländes. Bis auf die Westseite ist nach allen Richtungen gute Hindernisfreiheit gegeben. Im Westen führt die 110-KV-Hochspannungsleitung Lüneburg—Burgdorf—Ahlten in etwa 1500 m Abstand vom geplanten Ende der Flugbetriebsflächen von Norden nach Süden. Dies ist aus Gründen der erforderlichen Hindernisfreiheit und Sicherheit nicht tragbar. Es ist daher notwendig, entweder die Hochspannungsleitung auf eine Länge von etwa 7 km um etwa 2 km nach Westen zu verlegen oder aber das Flughafengelände um 2 km nach Osten zu verschieben, wobei eine umfangreiche Bachverlegung bzw. Verrohrung, die in diesem Abschnitt schlechteren Untergrundverhältnisse und eine 2 km längere Zufahrtstraße in Kauf genommen werden müssen.

Der Wald müßte für den ersten Ausbau des Flughafens in 3,5 bis 4 km Länge und etwa 800 m Breite abgeholzt werden.

η) Meteorologische und klimatische Verhältnisse.

αα) Windrichtung wie Gelände I.

ββ) Windstärke wie Gelände I.

γγ) Bei der bescheidenen Gesamtgröße des Waldes und dem angegebenen Umfang der Abholzung ist kaum mit einer wesentlich erhöhten Nebelhäufigkeit zu rechnen.

b) Beurteilung. Die zweckmäßige Lage der Flugbetriebsflächen westlich des Seebeeke-Baches erfordert aus Gründen der Flugsicherheit eine Verlegung der 110-KV-Hochspannungsleitung nach Westen. Diese Verlegung braucht nicht zu erfolgen, wenn das Flughafengelände weiter nach Osten verschoben wird, wobei aber weniger günstige Geländeverhältnisse und eine längere Zufahrtstraße in Kauf genommen werden müssen („geeignet").

Klimatische Beurteilung infolge der Lage im Wald nur „geeignet".

Die Länge der Zufahrtstraße von etwa 8 km bis zur Autobahn ist im Vergleich zu den übrigen Geländen als wenig günstig zu bezeichnen („wenig geeignet").

Die topographischen Verhältnisse sowie Bodenkultur und Untergrund sind für die Anlage eines Flughafens im ganzen als günstig zu beurteilen („gut geeignet").

Zusammenfassung: Gelände IV für die Anlage eines Großflughafens nur bedingt geeignet.

c) Wertungszahl.

$$\begin{array}{llrcr} \alpha) & 3 & \times\ 0 & = & 0 \\ \beta) & 1{,}5 & \times\ 0 & = & 0 \\ \gamma) & 1 & \times -1 & = & -1 \\ \delta) & 1 & \times +1 & = & +1 \\ \varepsilon) & 1 & \times +1 & = & +1 \\ \hline & & & & +1 \end{array}$$

5. Gelände V Sievershausen.

a) Beschreibung.

α) Geographische Lage.

Östliche	Begrenzung :	Ölerse und Straße nach Dollbergen.
Südliche	„ :	Linie Ölerse—Sievershausen—Arpke.
Westliche	„ :	„ Sievershausen—Arpke bis zur Bahnlinie.
Nördliche	„ :	Eisenbahnlinie Lehrte—Wolfsburg.

β) Verkehrslage (Anschlußmöglichkeiten).

Eisenbahn :	Anschlußmöglichkeit an Strecke Lehrte—Wolfsburg.
Straße :	„ „ Autobahn Hannover—Braunschweig.

γ) Topographische Verhältnisse. Weitgehend ebenes Gelände ohne nennenswerte Variierung.

δ) Untergrund- und Vorflutverhältnisse. In den verschiedenen Geländeteilen steht unter einer 20 bis 40 cm starken Mutterbodenschicht teils Sand verschiedener Körnung, teils sandiger Lehm, teils sandiger Kies an. Im Nordwesten ist auf einer Teilfläche anmooriger Boden vorhanden. Der Grundwasserstand erfordert keine besonderen bautechnischen Maßnahmen.

Als Vorfluter kann die etwa 2 km westlich von Süd nach Nord verlaufende Fuse benutzt werden.

ε) Bodenkultur und vorhandene Bebauung. In der Wirtschaftsnutzungskarte ist der Boden hinsichtlich seines natürlichen Wertes ähnlich bewertet wie beim Gelände III (Immensen). Seine tatsächliche Bodengüte liegt ebenfalls bei 38 bis 55. Die Hackfrucht- und Gemüseflächen stehen wiederum an der Spitze, gefolgt von den Getreide-, Zuckerrüben- und Kartoffelflächen.

Das Gelände weist außer einigen Schuppen bzw. Scheunen keine Bebauung auf.

ζ) Hindernisfreiheit der Geländeumgebung und Erweiterungsmöglichkeit. Entscheidend für die Möglichkeit der Gestaltung der Flugbetriebsflächen ist die Lage der Ortschaften Arpke, Sievershausen und Ölerse. Da Arpke und Ölerse genau auf einer Ost-Westlinie liegen, können die hauptsächlich in Ost-Westrichtung orientierten Betriebsflächen nur nördlich oder südlich dieser Linie angeordnet werden. Infolge der Ortslage Sievershausen scheidet die Südlage aus. Durch die notwendige Verschiebung des Startbahnsystems nach Norden und die vorhandene von Nordost nach Südwest verlaufende Eisenbahnlinie Lehrte—Wolfsburg bietet das Gelände nicht mehr die freizügige Erweiterungsmöglichkeit, die sein erheblicher Geländeumfang zunächst erwarten läßt. Für die heute übersehbare Größenordnung der Startbahnen (3000 m) reicht es aus. Der Schornstein der Raffinerie Dollbergen und der der Ziegelei westlich Sievershausen muß bei der Planung einer Nordost-Südwest-Startbahn möglichst umgangen werden.

η) Meteorologische und klimatische Verhältnisse.

αα) Windrichtung wie Gelände I.

ββ) Windstärke wie Gelände I.

γγ) Nebelhäufigkeit wie Gelände I.

b) Beurteilung. Das Gelände bietet gute Hindernisfreiheit und für die heute übersehbaren Anforderungen ausreichende Ausbaumöglichkeit. Es kann jedoch infolge der für eine zukünftige größere Erweiterung erkennbaren Einengung nur mit „geeignet" bewertet werden.

Klimatisch und meteorologisch „gut geeignet".

Die Lage zur Autobahn ist günstig mit noch tragbarer Länge der Anschlußstraße („gut geeignet").

Die topographischen Verhältnisse sind als sehr günstig zu bezeichnen („sehr gut geeignet").

Dem für den Startbahnbau im wesentlichen gut geeigneten Unterbau steht als Nachteil die gute landwirtschaftliche Eignung des Bodens gegenüber, daher Bewertung nur „geeignet"

Zusammenfassung: Gelände V für die Anlage eines Großflughafens geeignet.

c) Wertungszahl.

$$\begin{array}{lllll} \alpha) & 3 & \times\ \ 0 & = & 0 \\ \beta) & 1{,}5 & \times +1 & = & +1{,}5 \\ \gamma) & 1 & \times +1 & = & +1 \\ \delta) & 1 & \times +2 & = & +2 \\ \varepsilon) & 1 & \times\ \ 0 & = & 0 \\ \hline & & & & +4{,}5 \end{array}$$

D. Vergleich der untersuchten Geländeflächen unter besonderer Berücksichtigung der Anlagekosten und der Entfernung von Hannover und Braunschweig.

In der vorhergehenden Einzeluntersuchung haben die Geländeflächen folgende Bewertung erhalten:

1. Langenhagen	+ 4,5
2. Altwarmbüchen	— 0,5
3. Immensen	+ 0,5
4. Burgdorf	+ 1
5. Sievershausen	+ 4,5

Das Ergebnis der Voruntersuchung und generellen Beurteilung zeigt, daß zwei Gelände geeignet, zwei nur bedingt geeignet und eines ungeeignet ist.

Für den weiteren Vergleich wird das ungeeignete Gelände 2 (Altwarmbüchen) ausgeschieden. In der nachfolgenden Tabelle sind die Entfernungen der einzelnen Gelände von Hannover und Braunschweig in Straßenkilometer und Fahrzeit sowie die Anlagekosten nach dem Stand vom Juni 1951 wiedergegeben.

Entfernung und Fahrzeit von Hannover und Braunschweig zu den verschiedenen Geländeflächen und deren Ausbaukosten im ersten Bauabschnitt

	Entfernung von			Fahrzeit[1]	Anlagekosten (1. Ausbau)			
	Stadtmitte	RAB[2] km	Straße km	min	Flughafenanlagen DM	Zufahrtstraße km	Zufahrtstraße DM	Insgesamt DM
1	2	3	4	5	6	7	8	9
I Langenhagen	Hannover	—	10	16	11.050.000	Ausbau der vorh. Straße	250.000	11.300.000
	Braunschweig	56,5	10,5	59				
III Immensen	Hannover	21,0	9,0	30	16.675.000	3 km + RAB-Abfahrt	1.025.000	17.700.000
	Braunschweig	35,5	8,5	40				
IV Burgdorf	Hannover	21,0	14,0	36	17.765.000	8 km + RAB Abfahrt	2.135.000	19.900.000
	Braunschweig	35,5	13,5	46				
V Sievershausen	Hannover	28,5	9,0	36	15.475.000	3 km + RAB-Abfahrt	1.025.000	16.500.000
	Braunschweig	28,0	8,5	35				

Es zeigt sich, daß das **Gelände 4 Burgdorf** verkehrlich für beide Städte recht ungünstig liegt und eine lange Anfahrtzeit erfordert. Auch die Anlagekosten sind hier infolge der längeren Zufahrtstraße und der längeren Versorgungsleitungen wesentlich höher als bei den übrigen Varianten.

Das **Gelände 3 Immensen** weist demgegenüber zwar etwas kürzere Zubringerzeiten auf und liegt auch den ermittelten Verkehrsschwerpunkten am nächsten, erfordert jedoch mit der Notwendigkeit der Verlegung der 110-KV-Hochspannungsleitung erhebliche zusätzliche Kosten. Schließlich spricht der landwirtschaftlich verhältnismäßig gut zu bewertende Boden gegen die Auswahl dieses Geländes.

[1] Geschwindigkeiten: Stadtfahrt 25 km/h, Straßen 50 km/h, Autobahn 80 km/h.
[2] Autobahn.

Es verbleiben schließlich die Gelände I Langenhagen und V Sievershausen, die in der Gesamtheit betrachtet technisch etwa gleich zu bewerten sind. Für die Wahl eines der beiden Gelände sind daher in erster Linie die verkehrlichen und finanziellen Gesichtspunkte maßgebend.

Bei der Ermittlung der Anlagekosten ist vom ersten Ausbau ausgegangen, der eine Startbahn von 2000 × 45 m mit Zurollbahnen und Vorfeld, die Befeuerungs- und Flugsicherungseinrichtungen, sowie alle sonstigen Verkehrs- und Betriebsanlagen umfaßt. Die Grunderwerbskosten sind ebenfalls enthalten.

Bei einem Endausbau (O-W-Startbahn 3000 m, Querstartbahn 2000 m ohne Parallelstartbahn und weitere Betriebsbauten) erhöhen sich die genannten Anlagekosten um weitere 15 bis 18 Millionen Mark.

Die Entfernung vom Stadtzentrum sollte für einen kontinentalen Flughafen aus wirtschaftlichen und psychologischen Gründen nicht mehr als 15 km betragen. Alle deutschen Flughäfen, für die sich ein Durchschnitt von etwa 9 km ergibt, bleiben unter diesem Maß. Im Vergleich zu diesen Feststellungen erfüllen nur die Flughäfen Langenhagen und Waggum mit 10,0 bzw. 7,5 km die Forderung nach einer möglichst nahen Lage des Flughafens zur wichtigsten Stadt des Luftverkehrsbedarfs.

Die Schlußfolgerungen für die zweckmäßigste Wahl zwischen dem Gelände Langenhagen einerseits und Sievershausen andererseits, für die bei technisch etwa gleicher Beurteilung in erster Linie die Verkehrsbedarfslage in Abhängigkeit von den Schwerpunkten für den Reise-, Fracht- und Postverkehr, die vielfältige Bedeutung der Stadt Hannover und finanzielle Gesichtspunkte maßgebend sind, sind nicht Gegenstand dieser Untersuchung.

III. Zusammenfassung.

Die Entwicklung der letzten 30 Jahre in der Luftfahrt hat gezeigt, daß bei der Gestaltung der Flughäfen in den meisten Fällen nicht weitschauend genug vorgegangen wurde. Der Bau von Flughäfen ist eine sehr kostspielige Angelegenheit. Ihre Planung bedarf daher einer besonders sorgfältigen und weitschauenden Bearbeitung. Die Planungsgrundsätze haben gegenüber früher eine erhebliche Wandlung erfahren. Ein grundlegendes Erfordernis, sowohl für neue, als auch schon bestehende Flughäfen, ist die Aufstellung eines Generalausbauplanes, der den maximal möglichen zukünftigen Endausbau enthalten muß. Nach Fertigstellung dieser einmaligen Vorarbeit ist die weitere Aufgabe des planenden Bauingenieurs und der übrigen beteiligten Disziplinen, diesen Ausbauplan in betrieblich bedingten Einzelabschnitten mit den geringsten finanziellen Aufwendungen in die Wirklichkeit umzusetzen.

Aus dem Generalausbauplan ist der Bauhöhenplan für die Flughafenumgebung zu entwickeln, der hinsichtlich der Höhenbeschränkung maßgebend ist für die gesamte zukünftige Bebauung in seiner Nähe.

Ausgehend von den allgemeinen Empfehlungen der ICAO und den Bestimmungen des deutschen Luftverkehrsgesetzes wurden im Teil I die wesentlichen Grundsätze für die moderne flugbetriebstechnische Planung und bautechnische Gestaltung besprochen und kurz zusammengefaßt.

Für die vergleichende Bearbeitung von mehreren Auswahlgeländen für einen Flughafen wurde ein Bewertungsschema aufgestellt und zur Ermittlung der benötigten Anzahl von Start- und Landebahnrichtungen ein einfaches graphisches Verfahren gezeigt. Die aus wissenschaftlichen Untersuchungen gewonnenen Erkenntnisse konnten durch vielfache praktische Erfahrungen untermauert und ergänzt werden.

Im Teil II wurde nach den grundlegenden Ausführungen im Teil I am Beispiel des Flughafens Niedersachsen eine vergleichende Untersuchung an einer Reihe von in Frage kommenden Flughafengeländen durchgeführt und eine Methode der zweckmäßigen Auswahl in bezug auf die technische Seite der Planung erläutert.

GPSR Compliance
The European Union's (EU) General Product Safety Regulation (GPSR) is a set of rules that requires consumer products to be safe and our obligations to ensure this.

If you have any concerns about our products, you can contact us on

ProductSafety@springernature.com

In case Publisher is established outside the EU, the EU authorized representative is:

Springer Nature Customer Service Center GmbH
Europaplatz 3
69115 Heidelberg, Germany

www.ingramcontent.com/pod-product-compliance
Ingram Content Group UK Ltd.
Pitfield, Milton Keynes, MK11 3LW, UK
UKHW021929190726
13853UKWH00002B/942

9783662241257